普通高等教育“十二五”规划教材

全国高职高专规划教材·计算机系列

操作系统基础与实践

主　编　汤　敏　刘　均

副主编　廖仕东　聂　敏　何　静

内容简介

本书共有7章，第1章为操作系统概述；第2～6章，分别介绍操作系统的五大功能，它们是：第2章作业管理，第3章处理机管理，第4章存储管理，第5章文件系统，第6章设备管理；第7章为操作系统实践，包括基础篇和拓展篇两部分，以求加深对操作系统五大功能的理解。

本书可作为高职高专院校计算机专业相关课程的教学用书，也可以作为计算机爱好者学习操作系统的入门参考用书。

图书在版编目(CIP)数据

操作系统基础与实践/汤敏，刘均主编. —北京：北京大学出版社，2012.9
(全国高职高专规划教材·计算机系列)
ISBN 978-7-301-20693-5

Ⅰ.①操… Ⅱ.①汤…②刘… Ⅲ.①操作系统－高等职业教育－教材 Ⅳ.①TP316

中国版本图书馆CIP数据核字(2012)第104181号

书　　名：操作系统基础与实践
著作责任者：汤　敏　刘　均　主编
策 划 编 辑：桂　春
责 任 编 辑：桂　春
标 准 书 号：ISBN 978-7-301-20693-5/TP·1224
出 版 发 行：北京大学出版社
地　　址：北京市海淀区成府路205号　100871
网　　址：http://www.pup.cn
电 子 信 箱：zyjy@pup.cn
电　　话：邮购部62752015　发行部62750672　编辑部62765126　出版部62754962
印　刷　者：三河市北燕印装有限公司
经　销　者：新华书店
787毫米×1092毫米　16开本　12.25印张　313千字
2012年9月第1版　2018年6月第3次印刷
定　　价：26.00元

前　言

随着科学技术的飞速发展和计算机应用的日益普及，人类已经进入计算机广泛应用的信息时代，学习和掌握操作系统的基础知识和基本技能已经成为信息社会对高职高专计算机专业学生的必然要求。

本书根据高职高专教育“理论够用，注重实践”、理论与实践相结合的原则编写而成，反映了高职高专计算机专业课程教学改革的最新成果。

本书层次分明、重点突出，简要介绍了操作系统概念、功能以及实现技术；通过 Windows 2000 操作系统的使用，介绍了操作系统的实现技术和具体应用，使得学生通过学习掌握操作系统的基本知识；每章都配备有适当的习题，帮助学生消化并掌握操作系统知识；还设置有针对性的实训项目，作为课程实验的参考。

本书的第 1、2、3 章及习题由汤敏编写，第 4、5、6 章由聂敏、刘均编写，第 7 章由何静、廖仕东编写。全书由汤敏统稿。

由于编者水平有限，错误与不妥之处在所难免，敬请广大读者批评指正，以便我们改进、完善计算机操作系统的教学体系，谢谢！

编　者

2012 年 8 月

目　　录

第1章　操作系统概述

【本章导读】 计算机系统是由硬件和软件两部分组成，操作系统是与计算机关系最为密切的系统软件，它是硬件的第一层扩充，是其他软件运行的基础，是系统的控制中心，管理着系统的所有资源，具有作业管理、处理机管理、存储管理、文件管理和设备管理的功能。

操作系统是在人们使用计算机的过程中，为了满足提高资源利用率和增强计算机系统性能的需求，伴随着计算机技术本身及其应用的日益发展，而逐步地形成和完善起来的。在其发展过程中，多道程序设计技术起了关键性的作用。研究操作系统有不同的观点，包括资源管理观点、用户管理观点、进程管理观点等。

1.1　计算机系统

计算机系统是能按人的要求接收和存储信息，自动进行数据处理和计算，并输出结果信息的机器系统。计算机系统由硬件系统和软件系统组成。硬件系统是借助电、磁、光、机械等原理构成的各种物理部件的有机组合，是系统赖以工作的实体。软件系统是由各种程序和数据组成，用于指挥全系统按指定的要求进行工作。如图1.1所示。

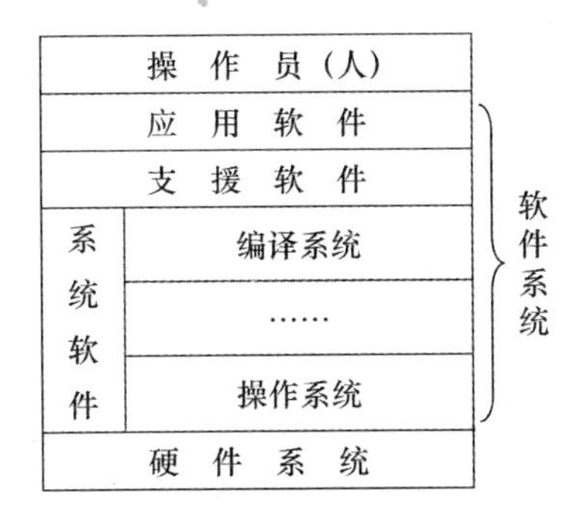

图1.1　计算机系统的层次结构

最内层是硬件系统，主要由中央处理器(CPU)、主存储器、输入/输出控制系统和各种外围设备组成。中央处理器是对信息进行高速运算和处理的部件；主存储器用于存放程序和数据，它可被中央处理器直接访问；输入/输出(I/O)控制系统管理外围设备(如键盘、显示器、打印机、磁带机、磁盘机等)与主存储器之间的信息传送。最外层是使用计算机的人，人与硬件系统之间的接口界面是软件系统，软件系统为人们使用计算机提供方便，软件系统包括系统软件、支援软件和应用软件三部分。系统软件有操作系统、编译系统等，操作系统的功能是实现资源的管理和控制程序的执行；编译系统的功能是把高级语言(如Fortran、Pascal等)或汇编语言所编写的源程序翻译成机器可执行的由机器语言(指令)表示的目标程序。各种接口软件、软件开发工具等都是支援软件，它支援其他软件的编制和维护。应用软件是按某种需要而编写的专用程序。系统软件、支援软件和应用软件既有分工又有结合，并不能截然分开。例如，操作系统既可看做系统软件，又可看做支援软件。有时在一个系统中是系统软件，而在另一个系统中就成为支援软件。

1.2 操作系统

1.2.1 实用操作系统

从市场上购买回来的电脑其实不单纯是一堆组合了的计算机的硬件，除那些摸得着的物体外，计算机硬盘上还安装了大量的软件，其中最重要的是计算机操作系统。

对于个人计算机(PC)用户来说，最常见的情况是，打开计算机的电源后，等待显示屏上闪烁的文字、图像逐渐稳定下来。稳定以后我们看到了 Windows XP 所展示的任务桌面(见图1.2)，上面有不同的图标分别代表着不同的功能，还有打开的窗口代表用户正在运行的任务。最下面一行是一些按钮和状态显示，由“开始”按钮可以引出各种各样的可执行任务，任务栏中的按钮代表着正在执行的任务，按下其中的按钮能在桌面上弹出对应的窗口；还有一些状态显示：时间，输入法，计划任务，声音等。

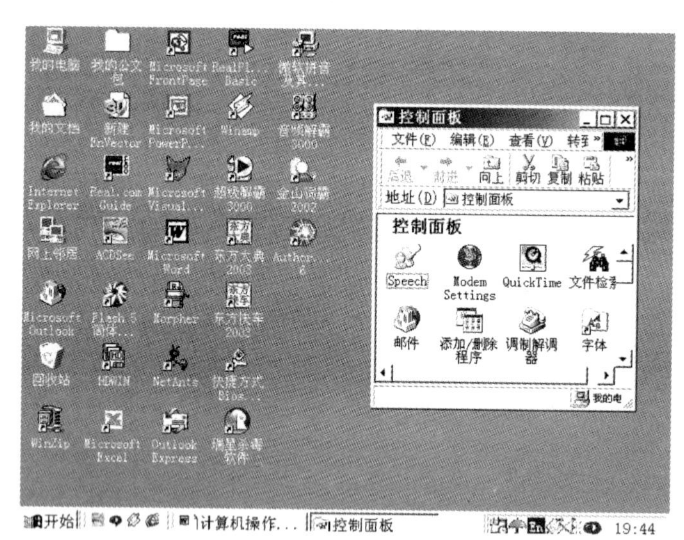

图 1.2 Windows XP 的桌面

用户可以通过双击桌面图标或者单击任务栏“开始”按钮选择要执行的程序来实现计算机的使用功能。双击图标会立即执行任务，例如，单击“开始”→“程序”→“附件”→“游戏”→“红心大战”即可打开游戏；双击“我的电脑”可以查看计算机安装了哪些软件；双击“控制面板”可以查看设备的设置情况。

使用 Windows XP 的桌面系统，一切都很方便，只要有一个鼠标，就可以做任何操作了。各种硬件和软件在后台有序地完成着各自的工作，而这一切并不需要用户去操心。那么，到底是谁在提供这种方便，谁在背后进行操作呢？这就是操作系统。

另外一个值得一提的系统是 Linux。许多计算机用户可以通过该系统连接在一起，共享计算机的资源，还能够相互打电话：通话的双方同时使用指令“TALK USERNAME”来要求系统接通电话，直到看到系统连接成功的提示，通过各自的键盘和显示屏就可以相互对话。

如果不需要直接对话，还可以采用写信的方式，这就是电子邮件系统。只要在适当的位置输入信件的内容和信件接收者的名称，然后单击“发送”按钮，就可以成功地发送信件。

Linux系统还可以实现许多其他的功能：它可以通过监视系统来了解每个用户的工作，还可以通过管理系统来确定给用户的权利，甚至可以控制用户行为等。这种监视、管理和控制是谁来实现的呢？还是操作系统，只不过这时的操作系统称为多用户操作系统。

因此，计算机操作系统是一个幕后管理和控制系统，它管理着计算机上的所有资源，包括硬件、软件、数据；提供某种方法让用户方便地使用计算机；对计算机及用户的行为进行控制。如果买回来的计算机不带有操作系统，就好像人没有大脑一样是无法指挥各个部件进行工作的。因此，操作系统是计算机软件中最核心的部分，没有它，普通用户基本上无法使用计算机。那么，操作系统到底应该具有哪些功能才能满足设计人员及普通用户的需要呢？这是下面要讨论的问题。

1.2.2　操作系统的定义

归纳起来，操作系统有如下几个特点。

(1) 操作系统是程序的集合。从形式上讲，操作系统只不过是存放在计算机中的程序。这些程序一部分存放在内存中，一部分存放在硬盘上，中央处理机在适当的时候调用这些程序，以实现所需要的功能。

(2) 操作系统管理和控制系统资源。计算机的硬件、软件、数据等都需要操作系统的管理。操作系统通过许多数据结构，对系统的信息进行记录，根据不同的系统要求，对系统数据进行修改，达到对资源进行控制的目的。

(3) 操作系统提供了方便用户使用计算机的用户界面。在介绍操作系统的时候我们已经看到，用户只需要通过鼠标双击相应的图标就可以做相应的操作，桌面以及其上的图标就是操作系统提供给用户使用的界面，有了这种用户界面，对计算机的操作就比较容易了。用户界面又称为操作系统的前台表现形式，Windows XP采用的是窗口和图标，DOS系统采用的是命令，Linux系统既采用命令形式也配备有窗口形式。不管是何种形式的用户界面，其目的只有一个，那就是方便用户的使用。操作系统的发展方向是简单，直观，方便使用。

(4) 操作系统优化系统功能的实现。由于系统中配备了大量硬件、软件，因而它们可以实现各种各样的功能，这些功能之间必然免不了发生冲突，导致系统性能下降。操作系统要使计算机的资源得到最大利用，使系统处于良好的运行状态，还要采用最优的实现功能的方式。

(5) 操作系统协调计算机的各种动作。计算机的运行实际上是各种硬件的同时动作，是许多动态过程的组合，通过操作系统的介入，使各种动作和动态过程达到完美的配合和协调，以最终对用户提出的要求反馈满意的结果。如果没有操作系统的协调和指挥，计算机就会处于瘫痪状态，更谈不上完成用户所提出的任务。

因此，操作系统可以定义为如下3个方面的程序集合：

(1) 控制和管理计算机系统的硬件和软件资源；

（2）合理地组织计算机的工作流程；

（3）方便用户使用。

综上所述，操作系统可以定义为：对计算机系统资源进行直接控制和管理，协调计算机的各种动作，为用户提供便于操作的人机交互界面，存在于计算机软件系统最底层核心位置的程序的集合。

1.3 操作系统的功能

1.3.1 操作系统的功能

可以根据计算机系统资源的分类来对操作系统的功能进行划分。一般说来，计算机系统资源包括硬件和软件两大部分，硬件指处理机、存储器、标准输入/输出设备和其他外围设备；软件指各种文件和数据、各种类型的程序。由于操作系统是对计算机系统进行管理、控制、协调的程序的集合，因此，按这些程序所要管理的资源来确定操作系统的功能，将其分为5个部分。

（1）作业管理。当用户开始与计算机打交道时，第一个接触的就是作业管理部分，作业是用户交给计算机执行的具有独立功能的任务，用户通过作业管理所提供的界面对计算机进行操作，因此作业管理担负着两方面的工作：向计算机通知用户的到来，对用户要求计算机完成的任务进行记录和安排；向用户提供操作计算机的界面和对应的提示信息，接受用户输入的程序、数据及要求，同时将计算机运行的结果反馈给用户。更具体地说，作业管理要提供：安全的用户登录方法，方便的用户使用界面，直观的用户信息记录形式，公平的作业调度策略等。

（2）处理机管理。处理机是计算机中的核心资源，所有程序的运行都要靠它来实现。如何协调不同程序之间的运行关系，如何及时反映不同用户的不同要求，如何让众多用户能够公平地得到资源等都是处理机管理要关心的问题。具体地说，处理机管理是操作系统设计者的设计理念。

（3）存储器管理。存储器用来存放用户的程序和数据，存储器容量越大，存放的数据越多，尽管硬件制造者不断地扩大存储器的容量，还是无法跟上用户对存储器容量的需求，而且存储器容量也不可能无限制地增长，但用户需求的增长却是无限的。在众多用户或者程序共用一个存储器的时候，自然会带来许多管理上的要求，这就是存储器管理要做的，存储器管理要进行如下工作：以最合适的方案为不同的用户和不同的任务划分出分离的存储区域，保障各存储器区域不受别的程序干扰；在主存储器区域不够大的情况下，使用硬盘等其他辅助存储器来替代主存储器的空间，自行对存储器空间进行整理等。

（4）信息管理。计算机中存放的、处理的、流动的都是信息。信息有不同的表现形态，如数据项、记录、文件、文件的集合等也有不同的存储方式，既可以连续存放也可以分开存放；还有不同的存储位置，如可以放在主存储器上，也可以存放在辅助存储器上，甚至可以停留在某些设备上。不同用户的不同信息共存于有限的媒体上，如何对这些文件进行分类，如何保障不同信息之间的安全，如何将各种信息与用户进行联系，如何使信息不同的逻辑结构与辅助存储器上的存储结构进行对应，这些都是信息管理要做的事情。

(5) 设备管理。计算机主机连接着许多设备，有专门用于输入/输出数据的设备，也有用于存储数据的设备，还有用于某些特殊要求的设备。而这些设备又来自于不同的生产厂家，型号更是五花八门，如果没有设备管理，用户一定会茫然不知所措。设备管理的任务是：为用户提供设备的独立性，用户不管通过程序还是命令来操作设备，都不需要了解设备的具体参数和工作方式，用户只需要简单地使用一个设备名就可以了；在幕后实现对设备的具体操作，设备管理接到用户的要求以后，将用户提供的设备名与具体的物理设备进行连接，再将用户要处理的数据送到物理设备上；对各种设备信息的记录、修改；对设备行为的控制。

此外，为了方便使用，操作系统还提供了两类接口：

(1) 命令接口，提供一组命令供用户直接或间接操作；

(2) 程序接口，提供一组系统调用命令供用户程序使用。

1.3.2 操作系统设计原则

对于操作系统设计者来说，操作系统是架构在底层硬件上的软件系统，因此，硬件的原始功能是靠操作系统来实现的，在实现的过程中，就必须考虑各种硬件的使用效率。而对于用户来说，操作系统是使用计算机的手段，这种手段就必须能够满足用户的需求，要求清晰、明确、快速地对用户的动作作出反应，特别是在多用户使用同一个计算机系统的情况下，系统对用户的反应能力显得尤为重要。以上都是操作系统的设计者设计时应该考虑的问题。

操作系统的设计原则如下。

(1) 尽可能高的系统效率。这里指的效率包括：处理机时间的最大利用，存储器空间的合理安排，输入/输出设备的均衡使用。

(2) 尽可能大的系统吞吐能力。在多用户情况下，虽然许多用户同时使用计算机，但每个用户并不考虑别人的工作状况，每个用户都可能进行大量的数据传输，这对于系统的负荷能力是一种考验，因此，系统吞吐量是操作系统设计的一个质量标志。吞吐量的好坏直接影响系统的稳定性，大的吞吐量使系统能流畅地工作，小的吞吐量可导致系统在高负载下瘫痪。

(3) 尽可能快的系统响应时间。响应时间指系统对用户的输入作出反应的时间。通常情况是，用户数量越多，需要的响应时间越快，并且对每一个用户来说响应时间应该是平均的，因此，系统必须提供一个用户能够承受的系统响应时间的下限。

以上是操作系统设计的三个原则，一般情况下，要想获得高的系统利用率就应该尽量避免用户的参与，因此，响应时间就不可能很快；要想获得最佳的用户效果，难免牺牲对系统资源的利用率。这使操作系统设计者处于进退两难的境地。目前，还没有哪个系统能同时完全满足上面三个设计原则，任何一个系统都具有倾向性，通常都是在以某一个设计原则为主的情况下，兼顾另外的设计原则。那么到底以哪个设计原则为主呢？这要看计算机系统的使用目的，在操作系统的发展过程中，这些设计原则交替起着主导作用。

1.3.3 操作系统的发展

操作系统是随着计算机的发展而发展的，从早期的无操作系统的计算机发展到今天，操作系统已经成为计算机的灵魂,离开了操作系统计算机将无法运行。

1. 计算机系统发展初期

1946年所产生的计算机系统是没有操作系统的,当时的计算机由硬件的几大部分构成:运算器、控制器、存储器、输入设备、输出设备(见图1.3)。操作员通过控制台的各种开关来指挥各个部分的运行,它通知输入设备接受用户准备好的装有程序和数据的输入卡片,将输入的程序数据安排到存储器的某个具体位置,通知运算器运行程序并处理数据,通知输出结果打印成纸带。若发现系统在运行过程中有问题,则操作员可通过控制台的开关对各种参数进行设置,将系统调整为正常状态。这个时期的操作员是非常专业的,只有他们才能实现对计算机系统的控制。因此,操作员的能力和反应速度直接影响到计算机的工作效率。但不管多么高级的操作员,其手动速度永远无法和机器速度相比较,机器的运行速度必然受到人工速度的极大制约。又因为早期的计算机硬件价格非常昂贵,人们希望计算机尽可能多地处于运行状态,希望处理器运行尽可能地饱满,这样才不至于造成资源的浪费。其解决办法是尽可能地减少人的干预,让机器来做更多的事情,这就是早期的批处理系统。

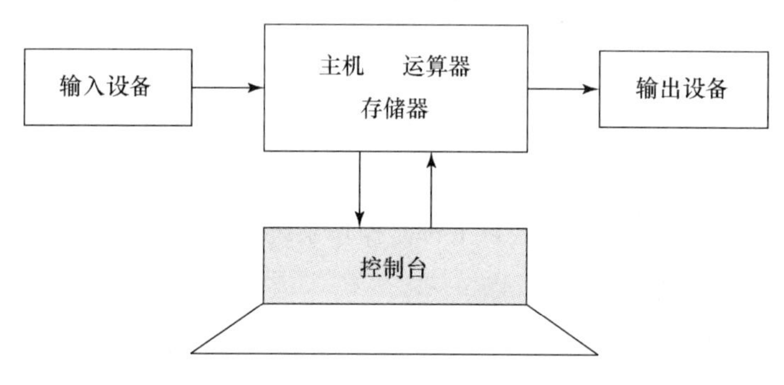

图1.3 早期计算机的构成

为了减少人的参与,操作员对要送到计算机上运行的程序进行组织,通常是按程序的执行步骤进行分类。凡是运行步骤大致相同的程序组织成为一批,由操作员通过输入机输入到磁带机上,再将磁带机连接到计算机主机上准备运行,余下的控制工作交由称为监督程序的程序来控制完成。完成后操作员将存有输出结果的磁带机取下,再连接到输出设备上逐一地输出不同程度的输出结果,最后交给用户。这时的计算机系统称为脱机系统,输入/输出设备与主机之间不再有直接的联系,主机只与磁带机打交道。

监督程序模拟操作员的工作:将磁带机上的程序调入存储器,安排程序运行,将运行结果输出到磁带机上,然后安排一个程序的运行,如此周而复始直到这一批程序全部处理完毕。例如:有一个用高级语言编写的程序需要运行,监督程序将磁带机上的源代码调入主存储器,再调用编译程序对源代码进行编译形成目标代码,然后安排目标代码运行,直到产生结果,最后将结果送到存放结果的磁带机上。当一个程序运行完毕以后,监督程序又将下一段源代码调入主存储器,然后重复上面的过程,直到运行完磁带机上的所有的程序。整个过程都是由监督程序来控制的。监督程序是事实上的管理者,管理者的出现意味着操作系统有了产生的基础。

因为监督程序的参与,人的干预减少到最低,计算机主机只与输入/输出设备打交道,避免了由人引起的计算机资源的等待。但新的问题又出现了:由于输入/输出设备是纯机械设备或者机械加磁设备，而计算机主机是电子器件，计算机主机还是不可避免地要等待输入/输出设备的运行，主机的利用率不可能很高。那么如何解决电子速度与机械速度严重不匹配的问题呢？采用的办法不是提高输入/输出设备的速度，而是让计算机主机同时连接多台机械设备，以增加主机的工作量。多道批处理系统由此而产生。图 1.4 指出了多道批处理系统的控制。

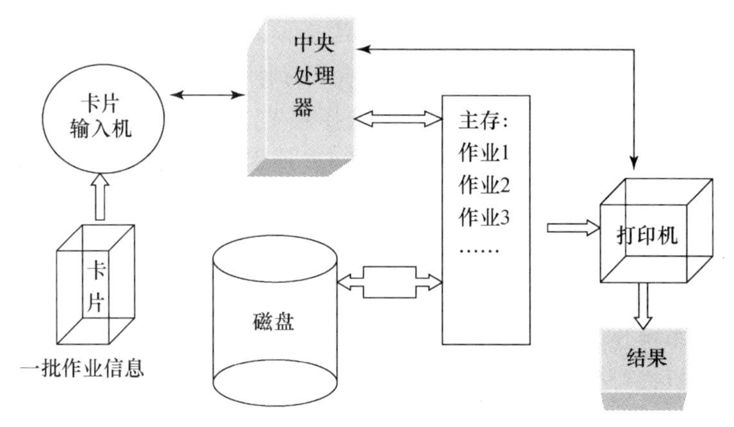

图 1.4　作业成批处理的控制

2. 多道批处理系统

同样是将用户作业组织成批，但主存储器中存放着不止一批的作业，处理机在调用一批作业运行时，如发现输入/输出所产生的等待，监督程序就引导处理机去执行另外的程序，这样就使处理机总是处于工作状态。图 1.5 描述了多道批处理系统处理机的时间分配：程序 A 首先获得处理机，进行了一段时间后，它需要完成输入/输出工作，这时监督程序运行，一

程序 A		I/O		I/O
程序 B			I/O	
I/O		程序 A		程序 A
I/O			程序 B	
	程序 A	程序 B	程序 A	程序 B
CPU t				

监督程序

图 1.5　多道批处理 CPU 的时间分配

方面安排程序A进行输入/输出处理，另一方面安排程序 B 到处理机上去运行；当程序 B 运行一段时间后也需要完成输入/输出工作时，又由监督程序来安排程序 B 进行输入/输出处理，帮助程序 A 结束输入/输出工作，安排程序 A 再到处理机上运行。所以，从处理机的时间轴上可以看到：程序 A 和程序 B 是交替运行的，如果在这个时间内只有一个程序运行，处理机将有一半时间在等待输入/输出设备完成工作。当然监督程序也要占用一定的处理机

时间，但它与程序运行所需要的处理机时间相比是微不足道的。

这时的监督程序就变得更为复杂，它不但要管理某一批程序的运行与中断，还要对不同批次的程序进行处理机时间的分配。从理论上讲，存储器上存放的程序批次越多，处理机的利用率就越高。如果存储器上存放的程序无限多，则处理机的利用率可以达到100%。这样看来，多道批处理系统可以使计算机资源的利用率达到最大。

多道批处理系统不允许用户干预。用户无法干预并不等于用户不想干预，也许在程序刚被送入主存储器，用户就希望重新修改；也许在程序刚开始运行时，用户就发现了错误；也许在程序的运行过程中，用户希望参与自己的选择意见。总之用户希望干预计算机的运行，这就给管理程序提出了更高的要求：既要尽可能高地提高主机的利用率，又要使用户能够方便地干预程序的运行。于是用户与主机之间不再通过磁带机相互隔开，而是通过输入/输出设备直接相连，新一轮的联机系统出现了。

3. 联机多道程序系统

联机多道程序系统在现实生活中随处可见，典型的组成如图1.6所示，每一个用户从自己的终端上和计算机进行交互，存储器上的不同区域中保存着不同用户的程序，处理机按一定的规则对不同用户的程序进行反应，共享的输入/输出设备按用户的要求在工作。联机多道系统靠程序来控制计算机设备和用户终端，它要面对多个用户，要进行处理机时间的安排，进行内存空间的划分，安排用户分享的输入/输出设备，协调用户在运行程序时发生的各种冲突等，这种程序有一个新的名字，称为操作系统。

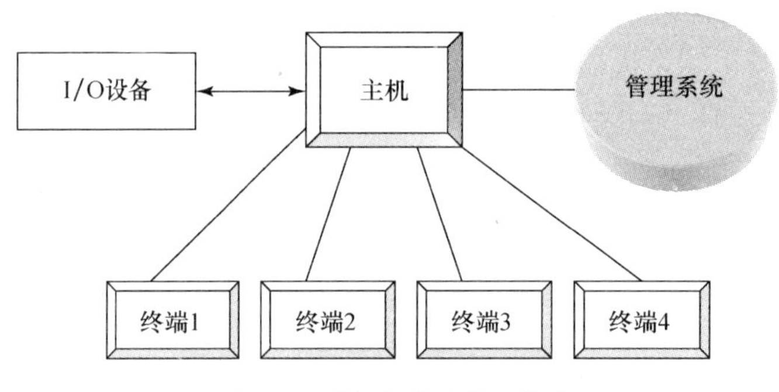

图1.6 联机多道系统工作图

1.4 操作系统的分类

迄今为止，各操作系统均属于下列操作系统之一或它们的组合：

(1) 单用户(微机)操作系统；

(2) 批处理系统；

(3) 分时系统；

(4) 实时系统；

(5) 分布式操作系统；

(6) 网络操作系统；

(7) 多处理机操作系统。

其中,前 4 种操作系统的运行环境以单处理机系统为主,而后 3 种以多计算机系统为主。下面按功能特征介绍操作系统的 5 种类型:批处理系统,分时系统,实时系统,分布式操作系统,网络操作系统。

1.4.1　批处理系统

批处理系统的突出特征是“批量”,它把提高系统处理能力,即作业的吞吐量作为主要设计目标。在批处理系统中,用户以脱机方式使用计算机,在提交作业之后就完全脱离了该作业,即在作业运行过程中无论出现什么情况都不能进行干预。批处理系统的主要特点是:

(1) 用户脱机使用计算机;

(2) 成批处理;

(3) 多道程序运行。

批处理系统的缺点是无交互性,即用户一旦将作业提交给系统后就失去了对作业运行的控制能力,使用户感到不方便。此外,鉴于批处理的特点,对某一作业而言,其周转时间(作业提出到作业完成得到结果的这一段时间)较长。

批处理系统是一个脱机处理系统,由于没有用户的介入,它围绕着提高系统的效率而开展工作。其具体方法将涉及处理机时间的分配,存储器空间的划分,设备运行效率及均衡性,计算机各部件之间的速度匹配。批处理系统适用于专门承接运算业务的计算中心,可帮助用户完成大型工程运算等工作。

如果用户希望参与控制和选择程序的运行,批处理系统就不是一个好的方案。事实上计算机系统不再是专门人员的特殊装备,随着计算机硬件和软件的发展,已逐渐成为普通用户的日常工具。

1.4.2　分时系统

除了批处理以外,对于普通用户来说,更多的是希望参与计算机资源的使用,大大小小的团体和组织,也需要利用计算机来相互沟通,分时系统正是满足这种需要的系统。

1. 分时系统的相关概念

(1) 分时。分时是指将具有运行能力的资源的时间划分成很小的片,这些时间片按照一定的规则被分配给需要它的程序,一般涉及分时概念的计算机部件有处理机、输入/输出设备等。

(2) 时间片。时间片是程序一次运行的最小时间单元。在划分时间片的时候,要根据系统的总体设计框架来考虑。比如说,对于 CPU 时间片的划分,要考虑用户的响应时间,系统一次容纳的用户数目,CPU 的指令周期时间,中断处理时间,程序运行现场的保护和恢复时间等。通常说来,在一个时间片内,至少应该能够完成一次输入/输出中断处理、现场的保护和恢复以及一个程序原子过程(原子过程在运行期间不可中断)的一次执行。

用户要求的响应时间越短,系统一次容纳的用户数目越多,时间片就必然越短。例如:用户要求的响应时间为 T,系统可容纳的最大用户数目为 M,则处理机时间片最大为 T/M。对于输入/输出设备的时间片的划分,要考虑设备的使用性质,如果是共享设备,时间片的划分类似于 CPU 的情况;如果是独享设备,就没有必要划分时间片,其处理方法和批处理系统一样。

(3) 响应时间。响应时间分为用户响应时间和系统响应时间，系统响应时间是计算机对用户的输入作出的反应时间。用户响应时间是指单个用户所感受的系统对他/她的响应。用户的眼睛存在着视觉暂停现象，他/她只能接受分秒及以上的视觉变化，快的用户响应时间在此范围内也就可以了。系统响应时间的计算要考虑用户的数目，用户数目越多，响应时间必须越快，不然就难以保证每一个用户都有可接受的响应时间。响应时间可以和时间片联合起来考虑，一般情况是：时间片越短，响应时间越快。

(4) 多用户。分时系统是多用户同时使用的操作系统，用户通过不同的终端同时连接到主机，主机分时地对用户终端程序进行反应，要求产生的结果是：每一用户都感觉自己在独立地使用着计算机，用户的行为并不会相互影响。

(5) 安全性。为了保证系统及各个用户程序安全，系统必须采取一定的安全措施，并且必须能够区分不同的用户，分别完成不同用户的作业。最常见的安全方法是用户登录。

2. 分时系统的特征

虽然分时系统是多用户系统，但对于每一个用户来说，并不会感觉到单用户机与多用户机的区别，各自都似乎使用着自己独立的计算机。因此分时系统必须具备如下特点：

(1) 同时性。若干个用户同时使用一台计算机。从微观上看，各用户分享着处理机时间的不同片段，即各用户轮流使用计算机；从宏观上看，用户却感觉多路同时享用着计算机系统，即各用户在并行工作。

(2) 独立性。用户之间可以相互独立操作而互不干涉，也即用户彼此之间都感觉不到还有其他用户在使用计算机，而是觉得该计算机完全由自己“独占”。多用户各自独立地使用计算机，相互之间并无影响。实现独立性主要依赖于存储器的安全保护，由于不同用户占有存储器上的不同区域，就要求不同区域中的用户程序在执行时不可相互干扰或者破坏，这可以通过一定的存储器保护机制来实现。

(3) 及时性。每一个用户终端都及时地得到系统的反应。及时性是指用户可以忍受的用户响应时间，它与处理机的指令周期和时间片的划分有关。但需要提醒的是：及时性并不要求系统响应时间越快越好，因为过短的时间片只会导致系统开销的提高，并且响应时间低于一定的时间范围就失去实际的意义。

(4) 交互性。用户可以通过终端直接与计算机进行对话，用户可以通过系统提供的界面从键盘向主机提出自己的要求，输入程序和数据，命令计算机运行，主机通过终端显示对用户的要求逐一进行反应，输出提示信息，帮助信息和运行结果等。良好的交互性意味着友好的交互界面，准确的提示信息，必要的帮助引导。

3. 分时系统的设计目标及用途

由于分时系统的对象是多用户，因而设计时要充分考虑到满足用户的需求，用户最大的需求是联机交互和及时响应，这就是分时系统的设计目标。分时系统可用于任何团体、机构和实体，当众多的电脑工作终端和各种各样的普通用户在共用一个主机时，它已经在后台忙得不亦乐乎了。

虽然分时系统具有及时性，但其响应时间只是在一个普通用户认可的范围内，实际上有许多特殊的领域对计算机的响应要求更为严格。这已经超出了分时系统的服务范围，需要选择新的系统来对计算机进行管理。

1.4.3 实时系统

实时系统是随着计算机应用于实时控制和实时信息处理领域而发展起来的另一类操作系统。实时系统是为了满足特殊用户的需要，在响应时间上有着特殊要求，利用中断驱动，执行专门的处理程序，具有高可靠性的系统。这类系统广泛地应用于军事、工业控制、金融证券、交通及运输等领域。

以证券交易系统为例，当一次交易行为发生，主机必须在极短的时间内进行反应，然后将交易结果输出到显示终端上，如果主机的响应时间有所拖延，将导致显示终端上的数据与正在发生的数据不一致，这会影响所有交易者的正确决策，也就必然影响到随之而来的交易行为的正确性。另外，这种系统还不允许错误的发生，如果某一个数据的处理发生错误，也将使整个系统的正确性得不到保障。

军事上，实时系统的立即响应和高可靠性表现得更为突出。例如，有一种红外制导导弹，它需要对导弹发出的红外光的反射光进行分辨，来确定导弹的运行轨迹。如果分辨并作出决定的时间太长，飞速运行的导弹可能早已偏离正确的轨迹，这种后果是不堪设想的。

1. 实时系统的相关概念

下面是与实时系统相关的一些概念：

(1) 专门系统。实时系统一般说来都是定制系统，它针对某一个特殊的需要，由设计者设计相应的硬件并配合编制出对应的管理系统。各领域之间的实时系统不能通用，甚至同一领域内由于用途的细微差别也不可能照搬同一个实时系统。因此，系统的设计费用无法均摊，专门系统比普通的分时系统价格要高得多。

(2) 立即响应。立即响应要求从事件发生到计算机作出反应之间的时间非常短，这种短不在于人的感觉而在于机器时钟的度量，通常在微秒数量级范围。对于不同的系统，其反应时间的要求也不同，这种反应时间必须保证被控制设备能够做出正确的动作，任何时间延迟都会导致系统的错误。

(3) 事件驱动。实时系统是针对某一种特殊需要而设计的，因此，它为每一种可能发生的情况都编制好了对应的处理程序，这些程序被称为事件处理程序或者中断处理程序，并且在系统启动时就被存放在存储器上。只有当事件发生了，事件处理程序才会被运行，因此说事件处理程序是靠事件来驱动的。在事件没有发生的情况下，实时系统一般处于等待状态。

2. 实时系统的特点

实时系统的主要特点是提供即时响应和高可靠性。系统必须保证对实时控制和实时信息分析和处理的速度比其他系统快，并且系统本身安全可靠。因此，实时系统通常是具有特殊用途的专用系统。

由于实时系统发生错误所导致的结果都非常严重，因此，不能允许实时系统产生失误，这就需要保证系统每一个部件的正确、稳定运行。保证系统高可靠性的方法有：多存储器系统或者存储镜像系统可将同样的数据重复保存在不同的存储位置上，以保证存储的数据在意外情况发生时还能够被恢复；多处理机系统可采用主处理机和后备处理机处理同样的事件，如果主处理机发生意外，则启用后备处理机的处理结果；多主机系统，多套处理机及存储器组合，以此来避免任何意外所导致的不安全性。以上形式都属于多机系统，通常情况是一台在前台运行，其他的在后台运行或等待，一旦前台系统出现故障，立即用后台的系统进行替代，以保证系统的连续正确工作。

以上三种基本类型的操作系统因为各自的设计目标不同，在性能上无法区分谁更优秀，但在计算机的运行参数上来进行比较，可以加深我们对这些系统的认识。表 1.1 对上面三种系统进行了比较。

表 1.1　三种操作系统的比较

系统名称 / 比较项目	多道批处理系统	分时系统	实时系统
CPU 时间分配	作业运行时独占时间段	分时	事件发生时立即分配
内存	同时存放多批作业	同时存放多作业与程序	存放预置的事件处理程序
响应时间	运行期间不响应	及时响应	立即响应
特殊要求	极大的资源利用率	公平面向多用户	高可靠性
面向用户群	委托用户	普通用户	定向用户

1.4.4　分布式操作系统

1. 分布式操作系统的特点

分布式操作系统与单机操作系统相比，其设计过程具有如下特点。

(1) 系统状态的不精确性。在设计集中式操作系统时，系统的状态是完善的。在分布式操作系统中，由于系统内各资源的自治，它们并不向外界报告它们的状态信息。因此在分布式操作系统中，很难获得完整的系统状态信息。另一方面，分布式操作系统在调用各部件的状态信息时，信息在网络上传输需要一定的时间，由于收到的信息是过时的，所以不能确切反映系统的当前状态。由于系统状态信息不精确，这就给分布操作系统的设计提出了问题。

(2) 控制机构的复杂性。在分布式操作系统中，各处理机之间不存在主从关系或层次关系，因而增加了控制机构的复杂性。首先，由于各处理机的自治性，它们之间发生冲突的概率要高得多，使同步机构变得复杂，还有死锁问题也难以处理。其次，由于系统透明性要求，使得系统故障的检测和用户操作的检查都增加了困难。

(3) 通信开销引起的性能下降。网络通信开销是分布式操作系统开销的一个重要组成部分，在这些方案中，由于在实现时通信开销过大而被迫放弃。如实现进程之间的同步所采用的信号灯机制就属于这种情况。

2. 分布式操作系统的结构

分布式操作系统和单机操作系统一样，也是由内核以及提供系统各项功能的模块组成。这些模块称为系统的实用程序或服务程序。通常，在每一节点机上都有内核的一个副本，它对该节点进行基本的控制。内核负责处理中断、进程间通信和进程调度。系统实用程序可以有多个，它们分别负责实现某一系统功能，如存储管理、文件系统管理和进程管理等。由于分布式计算机系统由多台计算机组成，所以，这些实用程序被不均匀地分布在各台计算机上。这种不均匀的分布方式，不仅可以节省系统开销，而且可以保证系统的稳定性。

3. 分布式操作系统中的通信

在分布式操作系统中，进程通信功能的实现不能采用单机操作系统中的通信方式，这是因为：

(1) 各节点间没有共享存储器，不能借助公共变量进行通信。

(2) 机间消息传递的可靠性低于机内消息传递的可靠性，在处理消息传递过程中，必须考虑和纠正。

(3) 系统中任意两个节点之间未必互相连接，消息不能从发送方直接送达接收方，往往要经过中转。

(4) 系统中各节点机可能是异种机，通信过程可能处于不同类型的计算机上。

(5) 通信的实现和系统结构、通信线路以线路的物理特性有关。

由此可见，分布式操作系统中进程间的通信，要比单机系统复杂得多。在分布式操作系统中，为实现进程间的通信，通常要设计一些通信原语，这些原语是按照通信协议所规定的规则来实现的，这些通信原语就构成了分布式操作系统的通信机制。

4. 分布式操作系统中的同步

分布式操作系统中的同步比集中式系统的同步更为复杂，因为前者不得不用分布式算法。不能仿照集中式系统那样，把有关的信息收集在一个地方，然后让某个进程根据这些信息作出决定。分布式操作系统具有以下一些特点。

(1) 相关信息分散在多台计算机上。

(2) 进程所作出的决定仅仅依赖本地可用信息。

(3) 一个节点的故障不会造成整个系统的瘫痪。

(4) 没有公用时钟或其他精确的全局的时间源。

在集中式系统中，总是能够确定两个事件发生的先后顺序的，在许多应用中，能够确定事件的先后顺序是很重要的。在资源的分配问题上，只有某种资源被释放后，才能对其进行重新分配。然而，在分布式操作系统中，没有共享存储器和公用时钟，因此很难说哪个事件在前，哪个事件在后。

5. 分布式操作系统中的资源管理

资源的调度和管理是操作系统的一项重要功能。单机操作系统通常采用一类资源有一个管理者的集中式管理。但在分布式操作系统中，系统的资源分布于系统的各台计算机上，如果采用集中式管理，不仅开销很大而且系统的稳定性差。

分布式操作系统采用一类资源有多个管理者的分布管理方式。分布式管理方式又可分为集中分布管理和完全分布管理两种方式。采用集中分布管理方式时，一类资源由多个管理者来管理，但每个具体资源只存在一个管理者对其负责管理。完全分布方式管理中，一个资源由多个管理者共同进行管理。

分布管理方式与集中管理方式的主要区别是，对同类资源采用多个管理者还是一个管理者。集中分布管理方式和完全分布分布管理方式的区别是，前者让资源管理者对它所管的资源拥有完全控制权，而后者只允许资源管理者对资源拥有部分控制权。

集中分布管理方式比较容易实现，但为了保证系统的稳定性，对某些资源必须采用完全分布管理方式，比如共享文件的管理。

1.4.5 网络操作系统

网络操作系统可以暂时把它理解为是用于计算机网络中，具有网络管理功能的操作系统。

1. 网络操作系统概述

网络操作系统同样也是一种操作系统，它除了要能实现一般操作系统控制和管理计算机系统的全部硬件资源和软件资源的功能，同时还要实现网络中的资源管理和共享以及数据通信。网络操作系统具有如下功能。

(1) 提供高效并且可靠的网络通信。网络操作系统除了支持终端与主机之间的数据通信外，还要支持主机与主机之间的通信以及多个用户组之间同时通信。能够把实际上只有一条的物理链路虚拟为多条逻辑链路。还要及时处理一些异常事件。

(2) 提供多种网络服务。为方便网络用户进行事务和数据处理在计算机网络中通常提供的服务有：以虚拟磁盘方式或文件服务方式实现硬盘共享；以假脱机方式实现打印机共享；利用电文处理系统提供文字、语音和图像等的加密与传输；文件传输与存储管理；作业传输与处理。

通过以上的描述，我们可以对网络操作系统作进一步的解释：网络操作系统是在计算机网络系统中，管理一台或多台主机的硬件和软件资源，支持网络通信，提供网络服务的软件集合。

2. 网络操作系统的特点

相对于非网络操作系统（单机操作系统），网络操作系统具体以下特点。

(1) 复杂性

单机操作系统只是管理本机中的硬件、软件资源。处于计算机网络系统中的网络操作系统，由于网络中一般都有多台计算机、终端设备和其他的一些网络设备，网络操作系统要对全网的资源进行管理，实现整个系统的资源共享和设备间的通信。所以，网络操作系统是非常复杂的。比如网络操作系统对于文件系统的管理。如果是单机操作系统管理文件，它只负责管理本机的文件系统，单机上的用户只能访问本机上的文件。但在计算机网络中，网络操作系统还应当允许本地用户访问远程节点机上的文件系统，以实现资源的共享。

(2) 并行性

单机操作系统通过为用户建立虚拟处理机来模拟多机环境，实现了程序的并发执行。但实际上处理机只有一台，并未实现真正的并行。

网络操作系统在每个节点机上程序都可以并发执行，此外，各节点机是和程序还可以并行操作，实现了真正的并行。一个用户进程既可以分配到自己登录的节点上，也可以分配到远程节点上。

(3) 节点间的通信与同步

在计算机网络系统中，节点之间通过网络相互传递信息，以实现进程间的同步与通信。国际标准化组织(ISO)的开放系统互连参考模型(OSI/RM)为计算机之间的通信提供了一个完善的标准。在OSI/RM的七层协议中，第四层(传输层)，第五层(会话层)，第六层(表示层)和第七层(应用层)都涉及网络操作系统，而第三层(物理层、数据链路层和网络层)则是提供传输的支持。

在网络操作系统中，提供信息的传输的基本功能，常以通信原语的形式出现。通信原语可以被应用程序调用，作为用户与网络的接口。通信原语中最基本的两条原语是 Send 和 Receive，在两个进程的一次通信中，这两条原语用来发送和接收信息。

(4) 安全性

网络操作系统的安全性表现在下面几个方面：

① 网络操作的安全性。系统应规定不同用户的不同权限。网络用户通常可以分为系统管理员、高级用户和一般用户。系统管理员的责任和权限都是最大的。他们必须能够做到熟练操作，尤其是在进行特权操作时更加小心，而且要考虑操作是否可恢复。

② 用户身份验证。网络操作系统中的安全子系统记录用于本系统的安全策略，维护账号等内容，包括用户名、口令、特权等，身份验证还要接纳用户的登录信息并进行登录授权。

③ 资源的存储控制。为防止系统死锁，应采取相应的安全策略和措施；对系统中的文件子系统，应该做到管理得当和对其实施保护；规定程序的不同运行方式。

④ 网络传输的安全性。网络中的数据传输的安全与保密应当由网络本身来完成，操作系统在数据传输的安全与保密上起重要的作用。一个好的网络操作系统是要能够保证数据传输的安全的。

以上介绍了操作系统的 5 种类型，但在操作系统的发展过程中，各种各样的系统不断涌现，这里介绍几种具有代表性的系统。

(1) DOS 系统。这是一个单用户系统，曾经被广泛用于各种 PC 机上。但由于它是通过键盘命令方式进行操作的，因而用户需要熟记所有的命令代码及格式，普通用户要使用它还需经过一定的培训。正是由于这些缺陷使 DOS 系统逐渐被窗口操作系统所替代，虽然其磁盘格式依然被其他系统所兼容，但是似乎它已经走到了生命的尽头。

(2) Windows 操作系统。这是一个单用户多任务的系统。目前这个系统的生命力极强，设计者在人机界面方面做了许多文章，漂亮的图标，同时打开的多个窗口，鼠标器随意移动和点击以及与 Internet 网络简捷的连接方式都使用户爱不释手。可以说 Windows 操作系统是一个面向傻瓜用户的系统，用户不需要经过任何培训就能够直接使用它，它目前的发展方向也是开发更亲切易用的界面，增加更多的用户功能，对用户的行为更宽容。其实，其内部的设计与其他操作系统并没有什么两样，它是一个用于 PC 机的多任务分时操作系统。我们选择 Windows XP 作为代表，是因为它是 Windows 系统中纯粹面向 PC 机的最后一个版本，因此具有典型意义，而后期的 Windows 2000 已经合并了网络操作系统，那是另外一个课程的内容。

(3) UNIX 系统。这是一个多用户多任务的系统。到目前为止，它是寿命最长的系统，是在小型机上运行的，面向多用户的分时系统。它具有良好的安全性能，文件管理和设备管理独具特色，系统程序之间调用关系灵活，具有良好的可移植性，系统规模比较小。因为 UNIX 系统的这些特点，它被广泛应用于各种领域，其设计理念被许多其他系统的设计者所采用，经过改装、包装或者变形，形成了许多能在不同机型上运行的类似的系统。

(4) Linux 系统。它是一个很成功的 UNIX 系统的改装系统，用于在 PC 机上运行。Linux 最大的特点是其源代码完全公开，是一个免费的操作系统，因此，任何人都可以对该系统进行修改或添加功能，使其适应自己的需要。任何能在 UNIX 上运行的软件都能在

Linux 上运行，它具有 UNIX 系统的很多优点，同时在用户界面有很大的改善。由于它主要是为 PC 机设计的，所以对硬件的要求不高，几乎可用于所有 386 以上的 PC 机。由于可以从许多地方获得免费的 Linux 系统，开始是个人实验者采用它，继而是公司企业采用它，现在在许多实体中，它开始占据主导位置或者与其他系统并存。专家预言其前景不可估量。本书中我们选用 Linux 系统作为多用户系统的代表。

(5) 实用网络操作系统。曾经流行了一段时间的 Novell 系统，由于它采用了对 DOS 系统的仿真，用户一度非常欢迎。但就像 DOS 系统比不过 Windows 图形界面一样，Novell 系统也逐渐消失，取而代之的是 Windows NT 和 Linux NT，其采用和其他 Windows 系统一样的图形界面，网络功能方面与其他网络操作系统相差不多。其实网络操作系统只是在普通操作系统的基础上增加了通信和共享功能，这种通信受协议的制约，而协议是大家共同遵守的规则。为了能够通信，人们必须遵守公认的标准，这就是为什么各种网络操作系统的通信部分大同小异的原因。

另外，多媒体操作系统、分布式操作系统和目前其他的正处于研究领域的系统，其基础部分都是一样的，变化的部分在于共享、通信、界面、设备管理等。

讨论到这里，我们要提出一个问题：操作系统似乎只是设计者的事情，作为用户的我们只要会用就行了，我们基本上不参与对操作系统有关的设计，它与我们有什么关系？看看目前流行的各大操作系统，它都与硬件制造者、通用系统开发者和在世界上占垄断地位的计算机公司密切相关，我们似乎不可能对操作系统有何触动。

但是作为计算机的专业人员，对操作系统的使用不同于一般普通用户，我们可以借助操作系统来对计算机系统的参数进行设置，使系统达到最优的运行状态；也可以查看系统的内部机制，实现对计算机最基础部分的干预；还可以对系统进行允许范围内的调整，来满足某些特殊需要。这些都不是普通用户能够做到的，而又是普通用户要求我们来做的，这就是学习操作系统的理由。只有了解了操作系统的基本原理，才能够理解、使用操作系统提供的功能。

1.5 操作系统的结构

操作系统存在于计算机系统中，但不同的人却看到不同的表现形态。对于系统设计人员来说，考虑的是如何使计算机各个部件正确动作，以实现各种系统功能；对于用户来说，要求系统提供最方便的使用方法，至于计算机内部如何动作却没有必要了解；对于专门研究程序和数据运动的人员来说，看到的是系统动态特征。这些不同的观点代表着操作系统的不同侧面，只有将各个侧面综合起来，才能完整地说明操作系统。下面对不同的观点进行说明。

1.5.1 操作系统的观点

1. 资源管理观点

资源管理观点是将计算机系统内的所有硬件、软件、数据等看做资源，操作系统的任务就是对这些资源进行分配、释放、相互配合、信息记录和信息修改。资源是静态的，而操作系统是动态的，动态的管理者不断地调整资源的分配与释放，最后实现用户所要求的各种功能。图 1.7 是 Windows 系统中的资源管理器界面，桌面和各种硬件、目录、文件、辅助存储器、设备、控制面板等任何用户可能涉及的东西都被看做资源，不管是何种资源，其操作形式都是一样的，只要双击代表这种资源的图标即可。例如，双击打印机图标，就可以实现对打印机的安装和设置；双击密码图标，就可以修改进入系统的密码；双击某一个有磁盘符号，就可以对磁盘上的文件进行查看和运行。

图 1.7　Windows 系统中的资源管理器

由于资源有不同的种类，资源的打开方式和操作方式也是不同的，因此必须有针对不同资源的展示平台，Windows XP 将这展示平台集中在一起(见图 1.8)，用户可以自由选择。图中 WINAMP 是针对音乐的，WinRAR 及 winzip 是针对压缩文件的，而我们熟悉的 WINWORD 是针对 Windows 文档文件的。

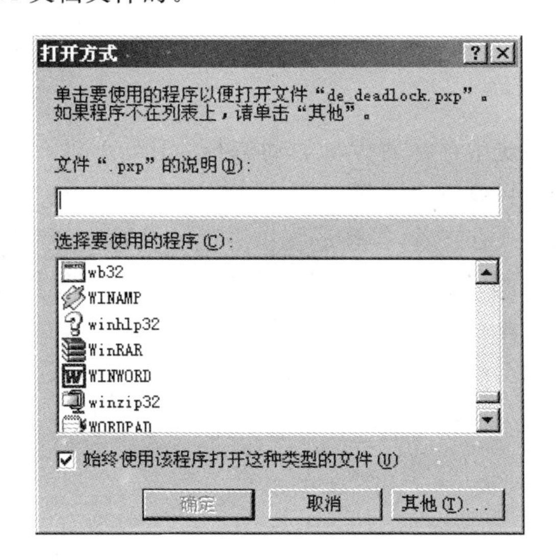

图 1.8　Windows XP 资源展示平台

2. 用户管理观点

用户管理观点将系统中的所有行为都看做是对任务的执行。任务是用户提交的需要实现的具体的功能，系统中存在着不同用户的许多任务，操作系统就是要对任务的产生、执行、停止进行安排。在 Windows XP 中，有一个任务管理器(见图 1.9)，我们可以对任务进行计划与安排。图 1.9 中的每一个任务的左下角都有一个时钟，表明其运行时间已经被计划，如任务磁盘碎片整理将在每周星期一的 8:30 开始运行。任务安排带给我们最直接的好处是：可以对某些任务的运行时间事先设置，使其需要的时候自动运行，以满足我们的特殊需要。

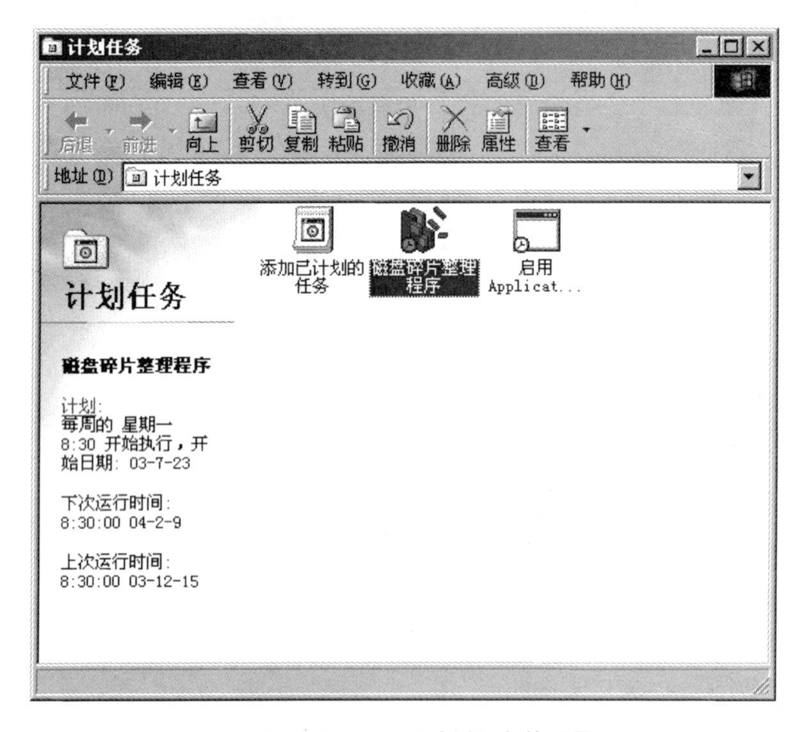

图 1.9 Windows XP 计划任务管理器

3. 进程管理观点

进程管理观点认为系统中存在着大量的动态行为：处理机在执行着程序，存储器上面的页面被不断地换入、换出，设备上数据在流动，用户在不停地命令计算机做事。这一切动态的行为都是以进程的形式存在着，操作系统对进程进行管理，管理进程的建立、运行、撤销等。图 1.10 是 Windows XP 的系统监视器中的一个画面，进程作为独立的实体被系统监测。图中的两个表都显示着系统的核心信息，线程表显示系统中线程数与时间的关系，而线程是进程的组成部分，因此，线程表代表着进程数和时间的关系。虚拟机也是一个动态概念，系统中运行的程序越多，虚拟机的数目也越多，虚拟机还代表着对处理机时间和对内存空间的划分。

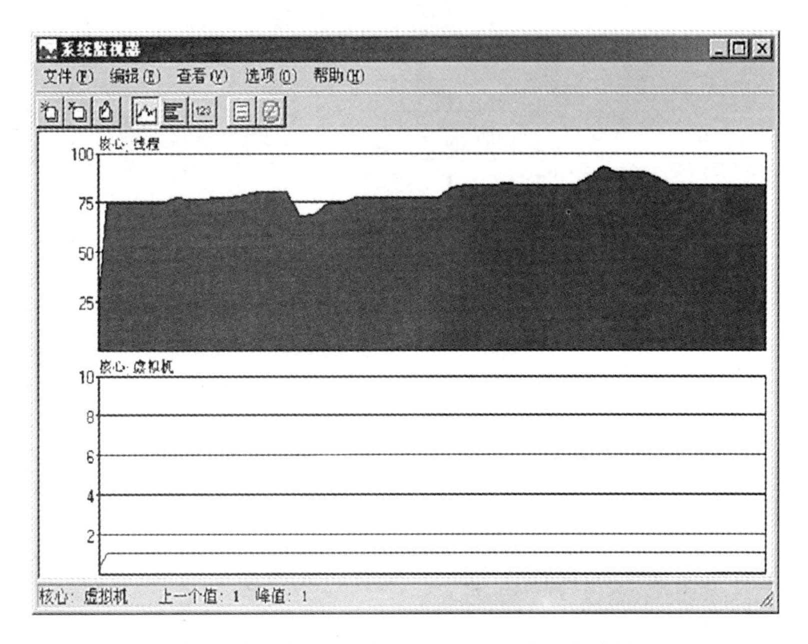

图 1.10　Windows XP 进程及虚拟机运行状态

1.5.2　操作系统的层次结构

从资源管理的观点看,操作系统的功能可分成五大部分,即:处理器管理、存储器管理、文件管理、设备管理和作业管理。操作系统的这五大部分相互配合,协调工作,实现对计算机系统的资源管理、控制程序的执行、扩充系统的功能、为用户提供方便的使用接口和良好的运行环境。

操作系统结构的设计方法可以有:无序模块法、层次结构法、管程设计法等。各种设计方法总的目标都要保证操作系统工作的可靠性。在这里介绍一种层次结构设计法,层次结构的特点是把一个大型复杂的操作系统分解成若干个单向依赖的层次,由各层的正确性来保证整个操作系统的可靠性。采用层次结构不仅结构清晰而且有利于系统功能的增加或删除。

按照调用关系可把操作系统分成若干层,通常把与硬件直接有关的部分,如实现中断处理和进程调度的处理器管理放在最内层。把与用户关系密切的部分,如实现作业调度和解释执行作业控制语言或操作控制命令的作业管理放在最外层。把存储管理、设备管理和文件管理放在中间的层次。图 1.11 给出了一种层次结构。为避免错综复杂的联系可能造成差错、可规定各层次的依赖关系,比如,外层依赖内层,但内层不依赖外层,即构成单向的调用关系。

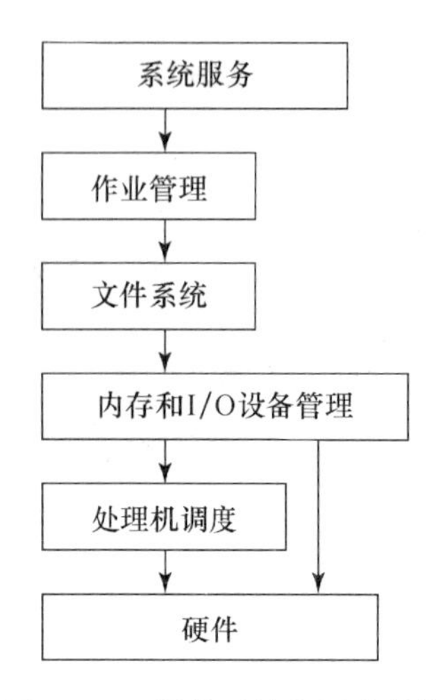

图 1.11 操作系统的层次结构

用户要求计算机系统执行一个作业时，作业管理先根据说明书或用户的操作控制命令的意图调用存储器管理和设备管理为作业分配主存区域和外围设备；当分配能满足，作业调度要把作业的信息装入主存储器时，以请求文件管理和设备管理来完成信息的传送，先由文件管理找出信息存放的物理位置，然后文件管理调用设备管理，由设备管理启动外围设备把信息传送到主存储器；处理器管理根据已装入主存储器的各作业程序的执行情况分配处理器；占有处理器执行的程序在执行中又可能要求扩充主存空间或产生新文件。一个作业从装入、执行到结束，都是这样通过不断调用操作系统的各个功能部分来完成的。

1.6 小结

操作系统是一种用于管理计算机资源和控制程序执行的系统软件，它扩充系统的功能，为用户提供方便的使用接口和良好的运行环境。我们对目前正在使用的实用操作系统进行了介绍。Windows XP 是一个多任务系统，同时打开的多任务在不同的窗口中运行，资源管理器将计算机中的所有实体都当做资源管理，任务管理器对用户提出的要求进行计划与安排，系统监视器对系统各个部件的动作进行记录与展示。Linux 是一个多用户操作系统。当操作系统完成它的初期发展过程以后，根据计算机系统的功能和应用，可以把操作系统分为三种基本类型：批处理系统、分时系统和实时系统。这三种系统所要完成的功能都包括：处理机管理、存储器管理、作业管理、文件管理、设备管理、标准输入/输出设备、中断处理和错误处理。另外，依据操作系统各子功能与计算机系统不同种类的资源之间的相互关系，将操作系统程序模块划归于不同的层次，并规定只有上层模块可以调用下层模块，下层模块不可以调用上层和同层模块。

习题一

一、单项选择题

1. 实时操作系统必须在(　　)内完成来自外部的事件。

A. 响应时间　　B. 周转时间　　C. 规定时间　　D. 调度时间

2. 批处理系统的主要缺点是(　　)。

A. CPU 利用率低　B. 不能并发执行　C. 缺少交互性　D. 以上都不是

3. 下列选择中,(　　)不是操作系统关心的主要问题。

A. 管理计算机裸机

B. 设计、提供用户程序与计算机硬件系统的界面

C. 管理计算机系统资源

D. 高级程序设计的编译器

4. 实时操作系统对可靠性和安全性的要求极高,它(　　)。

A. 十分注意系统资源的利用率　　B. 不强调响应速度

C. 不强求系统资源的利用率　　D. 不必向用户反馈信息

5. 从用户观点看,操作系统是(　　)。

A. 用户与计算机之间的接口　　B. 控制和管理计算机资源的软件

C. 合理组织计算机流程的软件　　D. 一个应用程序

6. 在分时操作系统中,通常的时间片是(　　)。

A. 几分钟　　B. 几十秒　　C. 几十毫秒　　D. 几十微秒

7. 关于内部命令的论述中,下面哪个是正确的(　　)。

A. 内部命令是由系统定义的、常驻内存的处理程序的集合。

B. 内部命令实际上是由系统提供的一些应用程序与实用程序。

C. 内部命令是各种中断处理程序。

D. 系统提供的各种命令是内部命令,用户自定义的各种可执行文件是外部命令。

8. 火车站的售票系统属于(　　)系统。

A. 单道批处理　　B. 多道批处理　　C. 实时　　D. 分时

9. 计算机中配置操作系统的主要目的是(　　)。

A. 增强计算机系统功能　　B. 提高系统资源的利用率

C. 提高系统的运行速度　　D. 合理组织系统工作流程以提高系统吞吐量

10. 操作系统的基本类型主要有(　　)。

A. 批处理系统、分时系统和多任务系统

B. 实时系统、批处理系统、分时系统

C. 单用户系统、多用户系统和批处理系统

D. 实时系统、分时系统和多用户系统

二、填空题

1. 多道程序设计的特点是多道、(　　)和(　　)。

2. 多道程序的设计是利用了(　　)和(　　)的并行工作能力来提高系统效率的。

3. 操作系统是计算机系统中的一个(　　),它管理和控制计算机系统中的(　　)。

4. 单道批处理系统是在解决(　　)和(　　)的矛盾中发展起来的。

5．在操作系统中，不确定性主要是指（　　　　　　　　　）和（　　　　　　　　　）。

6．现代操作系统的两个最基本的特征是（　　　　　　　）和（　　　　　　　　）。

7．在操作系统的发展过程中，多道程序设计和（　　　　　　）的出现，标志着操作系统的正式形成。

8．操作系统为程序员提供的接口是（　　　　），为一般用户提供的接口是（　　　　）。

9．分时系统中的（　　）是衡量一个分时系统性能的重要指标。

10．导弹飞行控制系统属于（　　　　　　　）。

三、判断题

1．应用软件是加在裸机上的第一层软件。（　　）

2．分时系统和多道程序设计技术的出现，标志着操作系统的正式形成。（　　）

3．从响应角度看，分时系统与实时系统的要求相似。（　　）

4．使计算机系统能够被方便地使用和高效地工作是操作系统的两个主要设计目标。（　　）

5．分时操作系统首先考虑的问题是交互性和响应时间。（　　）

6．时间片轮转法一般用在分时系统中。（　　）

7．操作系统本身是系统硬件的一部分，它的物质基础是系统软件。（　　）

8．实时系统和多道程序的出现，标志着操作系统的正式成立。（　　）

9．批处理操作系统既提高了计算机的工作效率又提供了良好的交互界面。（　　）

10．把进行资源管理和控制程序执行的功能集中组成一种软件称为操作系统。（　　）

四、思考题

1．什么是操作系统？操作系统有哪些功能？

2．批处理系统和分时系统各有什么特点？为什么分时系统的响应比较快？

3．实时系统的特点是什么？实时系统的处理和分时系统的处理有什么本质区别？

4．操作系统有哪几个观点？请分别试述。

5．试述目前有哪些实用操作系统。

第2章 作业管理

【本章导读】 操作系统在用户和计算机之间起着桥梁作用，因此，它为用户提供了两个接口：一个是程序接口，编程人员使用它们来请求操作系统的服务，即用户能方便地使用计算机，以实现自己所要求的功能；另一个是系统为用户提供的各种命令接口，用户通过这些操作命令在系统内部进行控制并安排用户作业运行。这就是作业管理的主要任务，它包括用户界面、作业状态、作业管理、作业调度等内容。

2.1 用户界面

用户界面是操作系统提供给用户使用计算机的手段，其内容包括用户想要计算机完成而计算机又能够实现的所有功能，如用户的注册登录，文件的处理，设备的使用，甚至对CPU及主存储器提出某些要求，对系统的时间和空间进行设置，以及计算机对结果展示的方法。随着操作系统的发展，用户界面也在不断地进步。

2.1.1 作业控制语言

在早期批处理系统中，提供给用户的是类似于高级语言的用来描述用户提交任务的作业控制语言。当用户向计算机提出要求时，需要用作业控制语言来编写作业控制程序，内容包括每一个运行步骤、要处理的数据、需要运行的程序、输入和输出方式、需要使用的资源等。因此，对于用户来说，这不是一件轻松的事情，不但要熟记作业控制语言的所有语句，还要对自己的程序在计算机中的运行有一个预测，运行的中间结果用户往往看不到也无法干预。这是作业的脱机控制时期，早期的计算机用户是一个特殊的专业化的群体。

对作业控制语言的改进是：直接使用高级语言对作业进行说明。Basic语言是一个很典型的代表，用户可以输入单条Basic语言命令来代表一个作业步(用户每输入一条命令或运行一段程序都代表着一个作业步)，上一个步骤执行完毕以后再用新的命令来开始下一个步骤。作业控制已由脱机形式变为联机形式。

2.1.2 作业控制命令

作业控制命令是一种联机作业控制方式，它用命令的形式来对作业的行为进行描述。命令由命令码和操作数构成，如：ADD 12 5D，每个命令码类似于英文中的一个单词，非常简洁明了也易于记忆，操作数指定命令要处理的数据或数据地址。

一般情况是，用户每输入一个命令，计算机就完成一项任务，并将执行结果反馈到标准输出设备上。这交互式的作业控制方式给用户带来了很大的方便，用户不再需要事先整理好所有的作业描述卡一次性交给操作员，而是逐条输入逐条执行，因此给用户带来极大的灵活性。

DOS操作系统就是采用命令的形式作为用户界面的(见图2.1)。

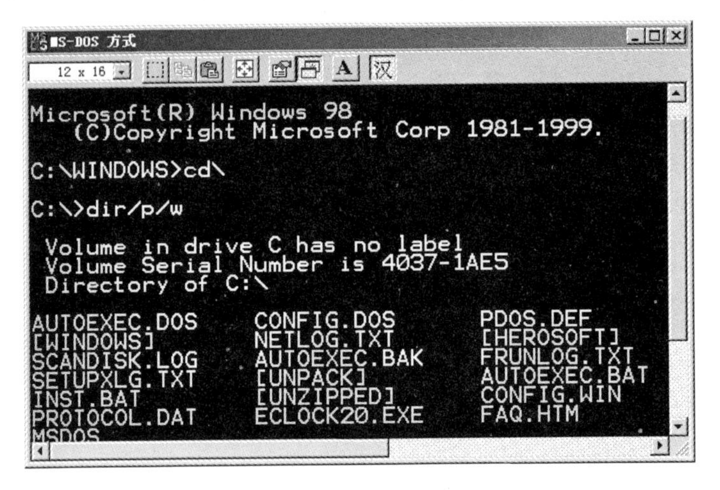

图2.1 DOS界面

图2.1中显示的是命令dir的运行及其运行结果,即显示当前目录硬盘C的根目录下的子目录。

DOS操作系统是一个单用户系统,因此,它的命令主要集中在文件管理方面,包含对文件及其目录的创建、修改、删除等。对系统的控制主要有系统配置、时钟设置、中断处理等。另外还能进行常规的编辑、编译、连接装配和程序执行。在DOS操作系统发展的后期,其命令又增加了通信、共享等功能。虽然DOS系统几经改善,但最后还是没有逃脱被淘汰的命运。

Linux系统也采用了作业控制命令的形式,当用户登录系统进入一个称为Shell的命令界面时,用户通过直接输入命令及命令参数来实现不同的功能和任务。Linux有如下几大类命令。

(1) 有关进程及进程管理。其内容包括进程的创建、等待、唤醒、撤销,进程的监视,运行时间的指定,安排前台和后台进程,实现进程的优先级,实现批处理环境。

(2) 有关文件管理。其内容包括文件及目录的各种操作、文件的链接、文件的查找、文件输入/输出等。

(3) 有关用户和用户管理。其内容包括用户及用户权限的设定、用户信息显示、用户口令维护、用户分组等。

(4) 有关硬盘管理和文件压缩。其内容包括对指定文件的压缩、文件形式的转换、磁盘空间的管理、环境设置、文件系统的安装与拆卸。

(5) 有关网络。其内容包括设定系统的主机名、防火墙操作、主机登录与退出、网络地址的查找及路由指定等。

(6) 其他。如确定程序的执行时间、报告系统名和其他信息、版本信息、用户对话、信息广播、电子邮件等。

2.1.3 菜单控制

菜单控制将操作系统的功能进行分类,然后再进行更小类型的划分,直到落实到每一个具体的功能。分类的功能采用横向和纵向列表的形式直接显示在显示器上供用户选择(见图2.2),列表被称为菜单。

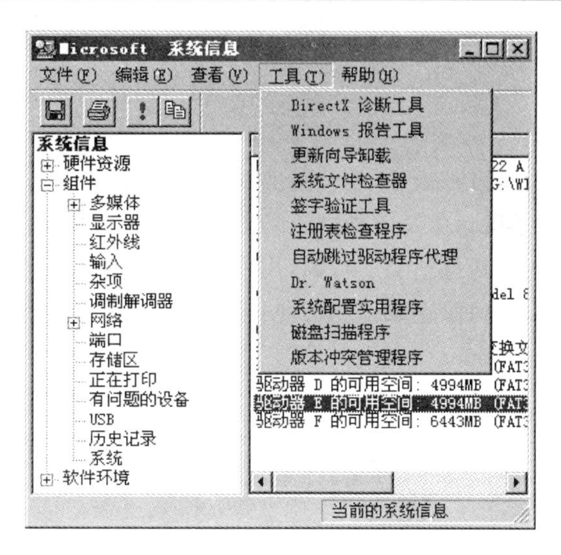

图 2.2　菜单界面

从图 2.2 中我们看到，系统信息作为一个主功能，其下又划分成 5 个子功能：文件、编辑、查看、工具、帮助。其中在“工具”子功能下，又包含 10 个更小的子功能。

菜单控制的好处是：由于菜单列表一目了然，用户不再需要熟记任何命令或者语言，只需要在菜单的提示下进行选择来实现相应的功能。程序运行的中间及最终结果都直接显示在指定的输出界面上。由于菜单控制的直观特点，没有受训练的用户都可以直接使用计算机，因此，计算机得以快速普及。

2.1.4　窗口和图标

菜单采用的是文字列表，设计者们会认为它还不够亲切，于是开发出了更为生动的图形界面。采用窗口来打开一个较大的功能，再用窗口内的图标来代表更为具体的功能，这就是现在我们使用计算机的方式，其形式见图 2.3。

图 2.3　窗口和图标

图 2.3 中同时打开了两个窗口，每个窗口内又包含若干个由图标表示的子功能，窗口外面还有多个图标，也代表着多个具体的功能。如果用户需要查看图片，可以双击桌面图标 ACDSee。

用户要实现的任务用窗口来表示，用户要实现的子功能用图标来表示，双击图标又能激活所对应的子功能窗口，子窗口中又有新的子功能。窗口和图标又能够分离，也可以重新组合。这样使得功能安排的灵活性达到了最大，用户的地位得到了充分的尊重，但同时用户也被层层叠叠的图标和窗口搞得眼花缭乱。因此，用户界面的发展趋势是：使用容易、感觉亲切、功能强大、变化多端。

Windows XP 中采用的是图标和窗口方式。Linux 系统中采用的是命令方式，但 Linux 并没有回避窗口和图标方式的巨大优势，它的 X-Windows 界面做得类似于 Windows 界面。

2.1.5 系统调用

除了给普通用户提供的以上界面外，操作系统还向编程人员提供了一种能够完成底层操作的接口，这就是系统调用。系统调用其实是对事先编制好的，存在于操作系统中的，能实现那些与机器硬件部分相关工作的控制程序的调用执行，这些程序是操作系统程序模块的一部分。为了安全起见，一般情况下用户不能对它们进行直接调用，而是通过操作系统的特殊入口地址来达到调用这些程序的目的。

一个用户的进程既可以执行用户程序，也可以执行系统调用程序，也就是说用户进程既可以处于运行用户程序阶段，也可以处于运行系统程序阶段。当进程运行用户程序时被称为处于用户态，当进程运行系统程序时被称为处于系统态。

DOS 系统往往只能通过汇编语言及其他高级语言来实现系统调用，这些调用表现为不同的调用数字，通过中断入口表按照数字所指定的地址来寻找调用地址，因此，较难记忆与操作。Linux 的每一个系统调用都有对应的调用名称，只要输入相应的命令和参数就能实现系统调用。其实，Linux 中的许多系统调用命令可以在 Shell 下直接运行，这就是我们在前面提到过的 Linux 命令界面。

2.2 作业状态与作业管理

作业是用户一次请求计算机系统为其完成任务所做工作的总和，我们也曾经定义，作业是用户交给计算机的具有独立功能的任务。而处理作业的各个独立的子任务，即一个作业处理过程中相对独立的加工步骤则称为作业步。用户每输入一条命令或运行一段程序都代表着一个作业步。通过实验我们看到，作业在系统中也是动态的，从作业产生到作业消失的整个过程中，作业的状态跟随系统的动作而发生变化。

2.2.1 作业的状态

一个作业从进入系统到运行结束要经历 4 种状态：提交状态、后备状态、执行状态和完成状态。

(1) 提交状态。当用户正在通过输入设备向计算机提交作业时，作业处于提交状态。

处于提交状态的作业存在于输入设备和辅助存储器中，这时，完整的作业描述信息还未产生。对于整个系统来说，处于提交状态的作业可以有多个。而对于单个用户来说，一次只能提交一个作业。

(2) 后备状态。当用户完成作业的提交，作业已存在于辅助存储器中时的作业处于后备状态。处于后备状态的作业具有完整的作业描述信息，这些信息包括作业的名称、大小、作业对应的程序等。处于后备状态的作业有资格进入主存储器，但何时进入主存储器，还需要看是否有这样的时机。

(3) 执行状态。作业被调度进入主存储器，并以进程的形式存在，其状态就是执行状态。处于执行状态的作业并不意味着一定在CPU上运行，它是否运行依赖于进程控制。从宏观上看，处于执行状态的作业正在执行；从微观上看，执行状态下的作业又细分为三种状态，即：在CPU上真正的“运行”，因等待CPU而处于“就绪”，因等待某种资源（如输入/输出设备）而处于“阻塞”。运行、就绪、阻塞之间的状态转换由进程调度完成，这种调度称为微观调度或低级调度，而作业调度则称为宏观调度或高级调度。作业调度与进程调度的关系见图2.4。处于执行状态的作业可以有多个，其数量与主存储器中作业的数量相一致，主存储器能容纳的作业数量越多，处于执行状态的作业越多。

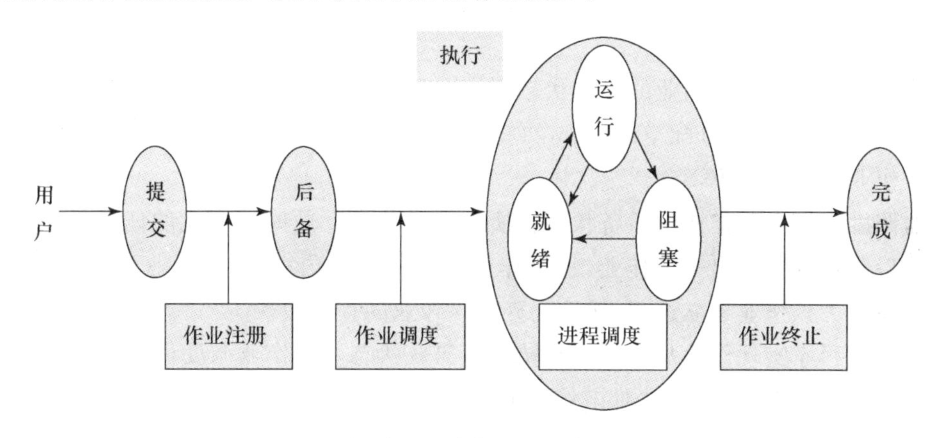

图 2.4 作业调度与进程调度关系图

注意：我们可以用一个班级里挑选几个同学参加辩论会来理解作业调度和进程调度的关系。当选出几个同学去参加辩论会后，从班上没去的其他同学来看（宏观看），那些去参加辩论会的同学正在参加辩论（相当于执行）；而从辩论会场的观众来看（微观看），当前时刻只有一位同学正在进行辩论，而其他来参加辩论的同学有的组织材料，有的正准备进行辩论。也即，用作业调度和进程调度的观点来看，挑选哪些同学去参加辩论会是作业调度的工作，而被选中去参加辩论会的同学从作业调度来看则都参加“辩论”了。而在辩论会场，具体指定哪位同学进行辩论，哪些同学进行准备则是进程调度分内的工作了。

(4) 完成状态。当作业已经完成其指定的功能，等待着与之相关的进程、资源，以及其他描述信息的撤销时，作业便进入完成状态。

2.2.2 作业控制块

在作业管理中，系统为每一个作业建立一个作业控制块(Job Control Block，JCB)。用来对作业进行描述的数据结构称为作业控制块(JCB)。作业控制块用来唯一地标志作业并记录所有与作业相关的信息,这些信息如下。

- 作业标志(作业名):操作系统用来区分每一个作业。
- 作业状态:代表作业在系统中所处的位置。
- 作业对其他资源的要求:如存储器要求、设备要求、文件及数据的要求等。
- 估计运行时间:预计的作业需要占用 CPU 的时间。
- 优先数:在作业调度时,能反映该作业被调度的机会。
- 作业创建时间:作业从提交状态变为后备状态的时间。
- 作业控制方式:是联机控制还是脱机控制。

2.2.3 作业调度程序

作业调度就是系统按照某种算法从作业的后备队列中选择某个作业投入运行,也即完成作业由后备状态到执行状态的转变。当作业进入系统后,由谁来接管作业并对作业的整个行为进行控制呢?这就是作业调度程序的工作。作业调度程序对作业进行管理,包括:JCB 的创建修改,从后备状态的作业中选择进入执行状态的作业,作业资源的分配及释放,JCB 的撤销。

作业调度程序实现从作业的提交状态到作业的后备状态转换。它首先为作业分配辅助存储器空间,然后为作业分配空的 JCB,再将作业的有关信息填入到 JCB 中。即为进入系统的每一个作业建立一个 JCB。

作业调度程序实现作业从后备状态转换到执行状态。此时要完成的任务是:按照一定的算法从后备作业中选出一个作业,将该作业的内容调入内存,实现作业资源的分配,调用进程创建原语为该作业建立进程,然后放弃对该作业的控制权。

作业调度程序实现作业从执行状态转变为完成状态。当作业调度程序获知某一个作业已经完成其所有的工作,便接过对该作业的控制权,释放该作业所占有的资源,释放该作业所对应的 JCB。

2.3 作业调度

当内存资源的竞争实体是处于后备状态的作业时,通过作业调度程序可实现对存储器的分配。作业调度程序中有一项任务是:选取一个处于后备状态的作业进入执行状态。选取的原则是由调度算法来确定。

2.3.1 调度算法设计原则

在设计调度算法时,要考虑如下几个设计原则:

(1) 公平。由于它是针对多个等待调度的实体,因此要求在一般情况下,所有的实体都有公平的被调度机会。

(2) 高资源利用率。设计调度算法应使资源利用率和系统整体效率这两项指标尽可能地得到提高。

(3) 对资源的均衡利用。系统中的资源有不同的种类,要求各类资源的繁忙程度相似,对于同类资源,也要求各个资源的繁忙程度相似,这样才能保证系统的稳定性。

(4) 吞吐量。吞吐量指系统在某一时间范围内的输入/输出能力,它代表着系统的处理能力。吞吐量越高,系统的处理能力越强。

(5) 响应时间。不管是什么系统,响应时间越短,用户等待的时间就越少,特别是当用户数目很多时,响应时间直接影响用户的满意程度。

2.3.2 作业调度算法衡量指标

作业调度衡量指标有:CPU 利用率,周转时间,平均周转时间,带权周转时间,平均带权周转时间。CPU 利用率越高,各时间指标值越小作业调度算法就越优化。

(1) CPU 利用率:

$$\text{CPU 利用率}=\frac{\text{CPU 有效工作时间}}{\text{CPU 总的运行时间}}$$

CPU 总的运行时间为其有效时间和空转时间之和。

(2) 周转时间:作业从提交开始到进入停止状态的时间。

$$\begin{aligned}\text{周转时间}&=\text{运行时间}+\text{等待时间}\\&=\text{完成时间}-\text{提交时间}\end{aligned}$$

(3) 平均周转时间:系统中所有作业周转时间的平均值。它反映了作业的平均运行时间、作业的平均等待时间。

$$\text{平均周转时间}=\text{平均运行时间}+\text{平均等待时间}$$

例 2-1 假设有 4 个作业同时到达,每个作业的执行时间均为 2 小时,它们在一台处理机上按单道方式运行,则平均周转时间为多少?

表 2.1 作业等待时间和运行时间表

作 业	等待时间(h)	运行时间(h)	周转时间(h)
1	0	2	2
2	2	2	4
3	4	2	6
4	6	2	8

解:由表 2.1 可得:

$$\text{平均周转时间}=(2+4+6+8)/4=5$$

(4) 带权周转时间:周转时间与实际运行时间的比为带权周转时间。

$$\text{带权周转时间}=\frac{\text{周转时间}}{\text{运行时间}}=1+\frac{\text{等待时间}}{\text{运行时间}}$$

(5) 平均带权周转时间:系统中所有作业的带权周转时间的平均值。平均带权周转时间越小,系统中作业的等待时间越短,同时系统的吞吐量越大,系统资源的利用率也就越高。

2.3.3 常用作业调度算法

在单道批处理系统中常用的作业调度算法有:先来先服务调度算法、短作业优先调度算法、响应比高者优先调度算法。在多道批处理系统中常用的作业调度算法有：先来先服务调度算法、优先级调度算法、时间片轮转法、均衡调度算法。常用的作业调度算法有如下三种：

1. 先来先服务调度算法(First Come First Serve,FCFS)

根据作业到达的先后次序安排作业的执行顺序，则最先到达的作业最先执行。该算法操作最简单，同时看起来也最公平，因此在许多系统中都有应用。但是它没有考虑作业运行时间的长短，如果最先到达的作业需要较长的运行时间，而稍后到达的作业只需要很短的运行时间，就会导致短作业的长时间等待，它会使短作业的带权周转时间增大，而长作业的带权周转时间减小，因此造成长短作业事实上的不公平。

2. 短作业优先调度算法(Short Job First,SJF)

根据作业提出的运行时间的长度来安排调度顺序，最短的作业最先被调度进入执行状态。显然这是一种照顾短作业的方法，它使短作业的带权周转时间降低而长作业的带权周转时间略有提高。对整个系统来说，短作业优先算法是可以提高系统的吞吐能力，加快系统的响应时间。但它未考虑在响应时间上的公平，短作业有短的响应时间，而长时间则会有较长的等待时间。

短作业优先的算法使平均周转时间和平均带权周转时间降低，参见例 2-2。

3. 响应比高者优先调度算法(Highest Response-ratio Next,HRN)

带权周转时间又称为响应比。响应比高者优先是按作业的响应比来安排调度顺序，响应比高的作业优先调度。

$$
\begin{aligned}
\text{响应比} &= \frac{\text{周转时间}}{\text{运行时间}} \\
&= \frac{\text{运行时间} + \text{等待时间}}{\text{运行时间}} \\
&= 1 + \frac{\text{等待时间}}{\text{运行时间}}
\end{aligned}
$$

由上式可知，等待时间越长，响应比越高，因此，等待时间长的作业将优先获得运行。运行时间越长，响应比越低，因此，运行时间长的作业优先级将降低。这样就照顾了那些运行时间少而等待时间长的作业。但是每个作业的响应比随时都在发生变化，因此要不断地重新计算。如何确定重新计算的时间间隔是一个关键问题，时间间隔太短，将导致大量的计算开销，时间间隔太长，响应比的作用会下降。

例 2-2 在一单道批处理系统中，一组作业的提交时刻和运行时间如表 2.2 所示。试计算以下 3 种作业调度算法的平均周转时间 T 和平均带权周转时间 W。

(1) 先来先服务；(2) 短作业优先；(3) 响应比高者优先。

表 2.2 作业提交时刻和运行时间表

作 业	提交时刻	运行时间(分钟)
1	8:00	60
2	8:30	30
3	9:00	20
4	9:10	10

解：作业周转时间 T_i ＝作业运行时间＋作业等待时间

＝作业完成时间－作业提交时间

作业带权周转时间 $W_i = \frac{T_i}{\text{作业的运行时间}}$

作业的平均周转时间 $T = \frac{1}{n}\sum_{i=1}^{n} T_i$，作业的平均带权周转时间 $W = \frac{1}{n}\sum_{i=1}^{n} W_i$。

(1) 采用先来先服务(FCFS)调度算法的作业运行情况如表2.3所示。

表2.3 先来先服务算法下的作业运行情况表

作业执行次序	提交时刻	运行时间(分钟)	等待时间(分钟)	开始时刻	完成时刻	周转时间(分钟)	带权周转时间
1	8:00	60	0	8:00	9:00	60	1.0
2	8:30	30	30	9:00	9:30	60	2.0
3	9:00	20	30	9:30	9:50	50	2.5
4	9:10	10	40	9:50	10:00	50	5.0
作业的平均周转时间	$T=(60+60+50+50)/4=55$(分钟)						
作业的平均带权周转时间	$W=(1.0+2.0+2.5+5.0)/4=2.625$						

(2) 采用短作业优先(SJF)调度算法的作业运行情况如表2.4所示。

表2.4 短作业优先算法的作业运行情况表

作业执行次序	提交时刻	运行时间(分钟)	等待时间(分钟)	开始时刻	完成时刻	周转时间(分钟)	带权周转时间
1	8:00	60	0	8:00	9:00	60	1.0
2	9:00	20	0	9:00	9:20	20	1.0
3	9:10	10	10	9:20	9:30	20	2.0
4	8:30	30	60	9:30	10:00	90	3.0
作业的平均周转时间	$T=(60+20+20+90)/4=47.5$(分钟)						
作业的平均带权周转时间	$W=(1.0+1.0+2.0+3.0)/4=1.75$						

(3) 采用响应比高者优先(HRN)调度算法时，在作业1执行完成时刻9:00，作业2、3均已到达。此时作业2、3的响应比分别是$\left(\text{响应比}=1+\frac{\text{等待时间}}{\text{运行时间}}\right)$：

作业2的响应比=1+(30/30)=2；作业3的响应比=1+(0/20)=1；即选作业2运行。

当作业2运行结束(在时刻9:30完成)时，作业3、4均已到达。此时作业3、4的响应比分别是：

作业3的响应比=1+(30/20)=2.5；作业4的响应比=1+(20/10)=3；即选择作业4运行。

最后得到采用响应比高者优先调度算法的作业运行情况如表2.5所示。

表2.5 响应比高者优先算法的作业运行情况表

作业执行次序	提交时刻	运行时间(分钟)	等待时间(分钟)	开始时刻	完成时刻	周转时间(分钟)	带权周转时间
1	8:00	60	0	8:00	9:00	60	1.0
2	8:30	30	30	9:00	9:30	60	2.0
3	9:10	10	20	9:30	9:40	30	3.0
4	9:00	20	40	9:40	10:00	60	3.0
作业的平均周转时间	$T=(60+60+30+60)/4=52.5$(分钟)						
作业的平均带权周转时间	$W=(1.0+2.0+3.0+3.0)/4=2.25$						

2.4　终端作业的管理

在分时系统中，终端用户可以使用终端输入作业的程序和数据，并且直接在终端上输入各种命令，告诉操作系统如何控制作业的执行。操作系统也把作业的执行情况通过终端通知用户，最后从终端上输出结果。这种采用交互方式控制的终端作业，不需要像批处理作业那样把作业控制意图预先写成一份作业控制说明书，而是在作业执行过程中，由用户使用操作系统提供的操作控制命令(也称命令语言)或会话语言系统提供的会话语句直接控制作业的执行。每当用户输入一条命令或一个会话语句后，系统立即解释执行，并且及时给出应答。用户根据作业执行情况决定应该输入的下一条命令或下一个会话语句，以控制作业的继续执行和及时纠正执行中的错误。

系统允许用户直接从键盘输入命令或从系统提供的“菜单”中选择命令，“菜单”包含了命令名(或命令编号)及其功能说明，用户每次只要从中选择一个需要的命令(或命令编号)，系统就解释执行，完成指定的功能。

2.4.1　命令语言

不同的计算机系统提供给用户使用的操作控制命令是各不相同的。但它们都有一个共同点，每一条命令必须含有请求“做什么”的“动词”和要求“怎么做”的一些“参数”，在有些命令中参数是默认的。操作控制命令大致可分下面几类。

1. “注册”和“注销”命令

“注册”命令格式：

LOGON　用户名　作业名

用户用该命令提出注册要求，表示用户要求处理一个作业。经系统核实可以接受时，用户可在终端上控制作业执行。当作业执行完后用户用“LOGOFF”命令要求退出系统，系统就为用户做注销工作。

2. 编辑命令

这一类命令用来编辑和修改用户的文件，用户可以要求建立一个新文件或对一个文件删去几行，插入几行，用一串新字符代替指定的字符等。

3. 文件类命令

用户可以用这一类命令要求系统：列出文件目录，列出一个指定的文件，保存一个文件，删除一个文件，修改文件的名字，复制一个指定的文件等。

4. 调试类命令

这一类命令是为用户调试用机器指令编制的程序或汇编语言编制的程序提供的手段，这类命令有：显示或修改主存单元的内容，设置断点、跟踪、汇编、反汇编等，为用户联机调试和修改程序提供方便。

2.4.2　终端作业的控制

终端用户在终端上控制作业的执行大致分 4 个阶段：

1. 终端的连接

任何一个终端用户要使用时必须使自己的终端设备与计算机系统在线路上接通。近程终端是直接接在计算机系统的通道上的，所以，当终端设备加电后，终端就与系统连接上了。远程终端是借助于租用专线或交换线接到计算机系统上的，所以，当租用专线的终端加电后，终端与系统也连接上了。但借助于交换线的终端在加电后，用户必须拨计算机系统的电话号码，以建立终端用户与系统的联系。如果电话接通，表示终端与系统能连接，用户放回电话后就可以使用终端；如果电话未通或是忙音，则过一会再拨，直到连接成功。

2. 用户注册

当终端与系统在线路上连接后，用户打入“LOGON”命令，向系统提出要执行一个作业。系统首先要识别用户，请用户输入口令，经核对后认为口令正确，然后再询问用户作业对系统的资源要求（主存量、外设），若资源能满足，则系统接收该终端用户，且在终端下显示进入系统的时间。如果口令有异或资源暂时不能满足，则不能接收该终端用户。所以，注册过程实际上可看做是对终端作业的作业调度。

3. 作业控制

一个注册成功的用户就可以使用系统提供的命令语言或会话语句控制作业的执行，每输入一条操作控制命令或一个会话语句后，系统立即解释执行，且通知用户执行成功或出现的问题，由用户决定下一步该怎么操作，直到作业完成。

4. 用户退出

当用户不再需要使用终端时，输入“LONOFF”命令通知系统注销。这时系统会收回用户占用的系统资源且让其退出系统，同时在终端上显示“退出时间”或“使用系统时间”，以使用户了解应付的费用。

计算机系统经常可以连接几十个终端，且可以让多个终端用户同时控制作业的执行。对于每一个已经向系统注册了的终端用户来说，都希望系统能及时地响应自己的各种请求。因此，系统必须考虑终端作业的这种要求。在分时系统中，对终端作业都采用“时间片轮转”的方法使每个作业都能在一个“时间片”的时间内占有处理机执行。当一个时间片用完后，它必须让出处理机给另一个作业去占有执行。采用时间片轮转的办法可以保证从终端用户输入命令到计算机系统给出应答只是几秒钟的时间，使终端用户感到满意。

在一个具有分时兼批处理的计算机系统中，往往把终端作业称为前台作业，把批处理作业称为后台作业。为了使终端用户有满意的响应时间，总是优先调度终端作业，只当终端作业数不满时，才调度批处理作业。当有终端作业与批处理作业混合同时执行时，可以把有关终端作业就绪进程排成一个队列，而把有关批处理的就绪进程排成另一个队列。当有终端作业的就绪进程时，总让终端作业的就绪进程先占有处理器，只有当无终端作业的就绪进程时，才去查批处理作业的就绪队列，从中选择一个就绪进程让它占用处理器。这样既可使终端用户满意又能提高系统效率。

2.5 小　　结

作业管理是操作系统面向用户的一部分。它提供给用户使用计算机的界面，目前最流行的方式是用窗口代表任务、用图标代表功能。把用户要求计算机处理的一个问题称为一个作业，一个作业执行时要分若干个作业步，每个作业步完成一项指定的工作。系统中的作业有 4 种基本状态，由作业调度程序来完成状态的转化。将后备状态的作业变为执行状态需遵循作业调度算法，而算法的选取离不开公平、资源利用率、响应时间等设计原则。

习　题　二

一、单项选择题

1. 假设有 4 个作业同时到达，每个作业的执行时间均为 2 小时，它们在一台处理机上按单道方式运行，则平均周转时间为(　　)。

A. 1 小时　　B. 5 小时　　C. 2.5 小时　　D. 8 小时

2. 现有 3 个同时到达的作业 J1、J2、J3，它们的执行时间分别是 T_1、T_2、T_3，且 $T_1<T_2<T_3$。系统按单道方式运行且采用短作业优先算法，则平均周转时间是(　　)。

A. $T_1+T_2+T_3$　　B. $(T_1+T_2+T_3)/3$

C. $(3T_1+2T_2+T_3)/3$　　D. $(T_1+2T_2+3T_3)/3$

3. 一作业 8:00 到达系统，估计运行时间为 1 小时。若 10:00 开始执行该作业，其响应比是(　　)。

A. 2　　B. 1　　C. 3　　D. 0.5

4. 作业周转时间为(　　)。

A. 作业开始时间－作业提交时间　　B. 作业等待时间＋作业执行时间

C. 作业等待时间　　D. 作业执行时间

5. 调度算法与作业的估计运行时间有关的是(　　)算法。

A. 先来先服务　　B. 均衡　　C. 短作业优先　　D. 时间片轮转

6. 设有 3 个作业 J1、J2、J3，其运行的时间分别为 1、2、3 小时；若这些作业同时到达，并在一台处理机上按单道运行，则平均周转时间最小的执行序列是(　　)。

A. J1、J2、J3　　B. J1、J3、J2　　C. J2、J1、J3　　D. J2、J3、J1

7. 作业在系统中需要经历几个不同的状态，这些状态是(　　)。

A. 提交、就绪、运行、完成　　B. 提交、就绪、阻塞、运行

C. 提交、后备、执行、完成　　D. 提交、后备、等待、运行

8. 选择作业调度算法考虑的因素之一是使系统有最高的吞吐量，为此应(　　)。

A. 不让处理机空闲　　B. 能够处理尽可能多的作业

C. 使各类用户都满意　　D. 不使系统过于复杂

9. 作业从进入后备队列到被调度程序选中的时间间隔称(　　)。

A. 周转时间　　B. 响应时间　　C. 等待时间　　D. 触发时间

10. 一个作业的完成要经过若干加工步骤，这每个步骤称为(　　)。

A. 作业流　　B. 子程序　　C. 子进程　　D. 作业步

二、填空题

1. (　　)调度是处理机的高级调度，(　　)调度是处理机的低级调度。

2. 一个作业运行时间假定为1小时，它在系统中等待了2小时，则该作业的响应比是(　　)。

3. 用户与操作系统之间的接口主要分为(　　)和(　　)两类。

4. 每个作业步都是一个(　　)执行，前一个作业步的结果信息往往作为后一个作业步的(　　)。

5. 若一个作业的运行时间为2小时，它在系统中等待了3小时，则该作业的响应比是(　　)。

6. 操作系统向用户提供了两类接口，一类是(　　)，另一类是(　　)。

7. 作业调度又称(　　)，其主要功能是(　　)，并为作业做好运行前的准备工作和作业完成后的善后处理工作。

8. 一个作业执行时要分若干作业步，作业步的次序是由(　　)决定的。

9. 所谓系统调用，就是用户在(　　)中调用操作系统所提供的一些子功能。

10. 交互式作业的特点是采用(　　)的方式工作。

三、判断题

1. 作业调度是处理机的高级调度，进程调度是处理机的低级调度。(　　)

2. 一个作业由若干作业步组成，在多道程序设计的系统中这些作业步可以并发执行。(　　)

3. 在各种作业调度算法中，短作业优先调度算法会使每个作业的等待时间最短。(　　)

4. 作业一旦被作业调度选中，即占有了CPU。(　　)

5. 在一个兼顾分时系统的批量处理的系统中，通常把终端作业称为前台作业，而把批量型作业称为后台作业。(　　)

6. 作业的联机控制方式适用于终端作业。(　　)

7. 作业按其处理方式可分为交互型作业和终端型作业。(　　)

8. 作业调度与进程调度相互配合才能实现多道作业的并发执行。(　　)

9. 作业经过两级调度才能占用处理机，第一级是程序调度，第二级是进程调度。(　　)

10. 采用短作业优先算法比先来先服务算法的平均周转时间降低了。(　　)

四、计算题

1. 在一个4道作业的操作系统中，设在一段时间内先后到达6个作业，它们的提交时间和运行时间如表2.6所示。

表2.6 作业提交时刻和运行时间

作业号	提交时刻(分钟)	运行时间(分钟)
1	8：00	60
2	8：20	35
3	8：25	20
4	8：30	25
5	8：35	5
6	8：40	10

系统采用短作业优先的调度算法，作业被调度进入运行后不再退出，但每当一作业进入运行时，可以调整运行的优先次序。

按照所选择的调度算法，请分别给出上述6个作业的执行序列。

计算在上述调度算法下作业的平均周转时间。

2. 单道批处理系统中，一组作业的提交时刻和运行时间如表2.7所示。请用先来先服务调度算法和短作业优先调度算法进行调度，完成下表并说明哪一种算法调度性能好些。

表2.7 作业运行情况表

作业	提交时刻(分钟)	运行时间(分钟)	等待时间	开始时间	完成时刻	周转时间	带权周转时间
1	8:00	120					
2	8:30	30					
3	9:00	6					
4	9:30	12					
作业的平均周转时间							
作业的平均带权周转时间							

五、思考题

1. 何谓用户界面？通常在用户和操作系统之间提供哪几种类型的界面？它们的主要功能是什么？

2. 试述作业有哪几种状态，请说明这些状态转变的原因。

3. 作业调度算法的设计遵循什么原则？

4. 作业管理主要包括哪些内容？作业调度的主要功能是什么？作业调度与进程调度有何区别？

第3章　处理机管理

【本章导读】 处理机是计算机系统中存储程序和数据，并按照程序规定的步骤执行指令的部件。程序是描述处理机完成某项任务的指令序列。指令则是处理机能直接解释、执行的信息单位。处理机包括：中央处理器(CPU)、主存储器、输入/输出接口。处理机加接外围设备就构成完整的计算机系统。

现代计算机系统具有处理器与外围设备并行工作的能力，为了发挥这一能力，提高系统效率，可采用多道程序设计方法。我们曾经提到，联机的多道程序系统是操作系统的趋势，多道程序使资源的利用率得以提高，联机则满足了用户的要求。这种系统涉及许多新的概念：并发程序、进程、进程之间的关系，这些都是需要讨论的问题。在实用系统中，通过进程监视，可以看到进程的变化。

3.1　概　　述

在实用操作系统 Linux 中，除了沿用传统的用户、程序概念以外，还引用了描述系统动态行为的任务、进程的概念。通过了解这些概念的变化过程，我们将发现描述系统的最佳方式。

3.1.1　多用户

多用户是指多个用户同时通过终端连接到计算机主机上，同时要求计算机处理希望实现的功能，同时使用主存储器、辅助存储器、输入/输出设备。这里的“同时”是什么意思呢？它是指若干用户在不感知其他用户存在的情况下，在同一个时间范围内独立地使用计算机系统。这是一个宏观的概念，是操作系统通过对各部件微观行为的恰当的分配安排来实现的。

事实上许多计算机资源是不可能同时使用的，如处理机，它只能按照一定的时间分配规则分配给不同的用户程序。输入/输出设备也是一样，它们的共享也只能是时间上的分割。所以，从微观上看，各多用户程序并没有同时使用计算机的资源。这种宏观上和微观上的巨大差异，要求操作系统经过特殊的处理，通过微观上的细致的分配与管理来达到宏观上的效果。

3.1.2　程序的顺序执行

我们在使用计算机完成各种任务时，总是使用“程序”这个概念。程序是适合于计算机处理的一系列的指令，或者是一个在时间上严格按先后次序操作的指令序列。程序本身是静态的，一个程序只有经过执行才能得到最终结果。

在单道程序设计环境下，程序运行时独占全机资源，计算机严格地按程序规定的操作顺序执行。程序的顺序执行具有如下特征：

(1) 顺序性。CPU 的操作严格按照给定的指令序列的顺序执行，每一操作必须在前一操作结束之后才能开始，也就是说指令 N 必须在指令(N－1)执行完毕以后才能执行，即程序和机器执行程序的操作一一对应。如果需要改变执行顺序，也必须是通过程序本身的指令来实现，例如使用转移指令、环指令或者分支指令。

(2) 封闭性。程序一旦开始运行，就必然独占所有的系统资源，程序运行的结果仅由初始条件和程序本身决定，而不会受到任何外界因素的影响。

(3) 可再现性。程序顺序执行的结果与其执行速度无关。只要给定相同的初始条件和输入数据，在任何机器上，在任何时间，以任何速度来运行，程序的执行过程和运行结果都是唯一的。也就是说无论是不间断地执行，还是“断断续续”地执行，都将得到相同的结果。

程序顺序执行时的封闭性和可再现性为调试程序带来了很大的方便，但资源的独占性却严重地降低了计算机的效率。

由于程序具有以上这三个特点，因而称程序是静态的，而程序概念刚刚产生时期的外部环境，也支持程序的静态特征。批处理系统便是这种环境的典型。

可是，在多用户系统中，每一个用户都通过执行程序来争夺系统资源，而系统资源是有限的，这就可能产生冲突。比如说打印机的使用，假定采用处理机分时，对 5 个用户的程序进行处理，处理机时间的绝对平均分配是：每一个程序被运行一条指令以后将处理机转给下一个程序运行，假定每一个程序都需要使用打印机输出结果，每执行一条输出指令都在打印机上打出一个字符，在 5 个程序的执行过程中，从打印结果看到的是没有任何意义的字符串，是因为这些字符串的字符分别属于 5 个程序的运行结果，它们交织在一起无法表示任何实际意义，这当然不是我们希望看到的情况。如果不是 5 个程序同时运行，而是运行完一个程序后再运行另一个程序，打印机上的结果绝对不会出问题。可见，运行顺序的不同会导致输出结果不同，为什么会这样呢？问题在于我们没有考虑 5 个程序同时运行所产生的相互影响，没有考虑同一个资源被共享时相关的程序必须有一种制约关系，而这种影响和关系已经不是静态程序所能描述的。

3.1.3 程序的并发执行

由于多用户系统中存在的是宏观上并行的程序，即并发程序，那么并发程序具有哪些性质呢？首先，图 3.1 说明了并发程序在逻辑上并行，在物理上串行。这里的串行是指 CPU 的时间依次逐片地分配给需要执行的程序 A、程序 B 和程序 C，CPU 的时间是被不同的程序分享的。CPU 串行地执行着一定大小的程序片断，这就是物理上的串行。

可是从宏观上看，在一个时间范围内，每一个程序都获得了运行，因此可以说程序 A、程序 B 和程序 C 似乎以一种稍微慢一些的速度同时在运行，这就是逻辑上的并行。这种微观上串行，而宏观上并行的程序被称为并发程序。并发程序有以下三个特点。

(1) 动态性。并发程序的外部环境在不断地发生着变化。如图 3.1 所示，程序 A 可能并不是与程序 B 和程序 C 来争夺 CPU 的时间的，程序 A 到底与哪些程序来共同运行是不可预测的，这要看当时系统的情况。就是限定只有三个程序来分享 CPU 的时间，其时间安

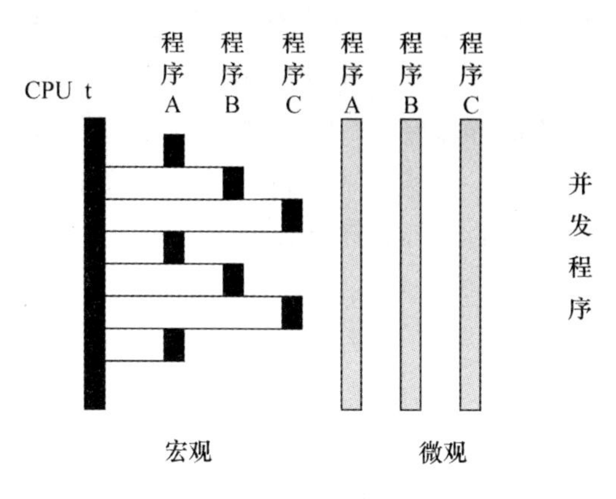

图3.1 并发程序运行图

排顺序也可能是不同的，这也要看系统调度的情况。

(2) 制约性。由于并发程序共享着系统的资源，而这些资源当时的状态可能影响程序的执行结果。前页曾经举过的使用打印机的例子，并发程序并不能随意并发，特别是在使用那些必须独占的资源时，如独享输入/输出设备，存储器中公用的各种数据结构及变量等，操作系统必须对并发程序的执行进行限制，使这些程序的执行顺序符合结果唯一性的要求，所以程序的并发必然受到某些条件的制约。

(3) 并发性。并发程序在逻辑上是并行的，但微观上这些程序是串行的，问题是程序串行的顺序是动态变化的，这种运行顺序不确定性很可能导致运行结果的不确定性。所以程序的并发性要求系统在任何不确定的因素下，都能够产生唯一正确的结果。相对于静态程序运行环境，并发程序的运行环境使系统要承担更多的工作。

我们已经无法用静态程序的概念来说明并发程序，并发程序的执行和其产生的结果都与时间相关，也就是说它是时间的函数。因此，要描述计算机中程序的运行，传统的概念已不再适用，必须寻找一种新的能够描述计算机中程序的动态性、制约性、并发性等特性的名词来说明计算机中的活动。

3.2 进程及其状态转换

由于多道程序环境下的程序并发执行所产生的新特点，使得传统的“程序”这个静态概念已无法描述程序的并发执行。为此，必须引入一个新的概念来反映并发程序执行的特点。

3.2.1 进程的定义

进程具有它自己的再现形态，但它并不像静态程序那样可以被预先编制，或者存放于某种媒体上。由于随时处于变化之中，因此要捕捉并定义进程，也是一件较伤脑筋的事情。由于人们对这一概念的极大兴趣，导致了进程定义的不确定性。下面是一些教科书中对进程的定义。

(1) 进程是程序的执行。

(2) 进程是可调度的实体。

(3) 进程是逻辑上的一段程序和数据。

比较典型的定义是：进程是并发程序的一次执行过程；进程是一个具有独立功能的并发程序关于某个数据集合的一次执行。这能反映并发程序执行的特点：

(1) 能够描述并发程序的执行过程——“计算”；

(2) 能够反映并发程序“执行——→暂停——→执行”的活动规律；

(3) 能够协调多个并发程序的运行及资源共享。

注意：程序就像是一个乐谱，任何时候你都可以翻阅它，但乐谱本身是静态的。进程则可比做按乐谱演奏的音乐，这段音乐有开始和结束，并随着时间的流逝而不复存在。这个演奏过程本身是动态的，即便重新演奏也绝不是刚刚逝去的那段音乐。程序是静态的，进程是动态的。

通过这些定义，我们可以看出进程的本质：

(1) 进程的存在必然需要程序的存在。由于进程是对程序的运行，因此，程序是进程的一个组成部分。当程序处于静止状态时，它并不对应于任何进程；当程序被处理机执行时，它一定属于某一个或者多个进程。属于进程的程序可以是一个也可以是多个，调用程序的进程也可以是一个或者多个，进程和程序不是一一对应的。

(2) 进程是系统中独立存在的实体。它对应特殊的描述结构并有申请使用释放资源的资格。由于系统中存在着多个进程，而资源有限，因此必然存在着进程对资源的竞争。作为一个独立实体的进程，这既可以被生成，也可以生成别的进程。

(3) 进程的并发特性通过对资源的竞争来体现，进程的动态特性通过状态来描述。进程的逻辑形态和物理形态不同，逻辑上进程只不过是一系列的说明信息，物理上却占据着系统的各种资源。

(4) 进程和数据相关，但它不是数据，在它的存在过程中要对数据进行处理。若干进程可能处理同一组数据，一个进程也可以处理若干组数据。

3.2.2 进程的状态及其转换

进程在其存在期间，由于各进程的并发执行以及相互制约而处于停停走走之中，进程的状态在不断发生着变化，基本的进程状态有 3 种。

(1) 运行状态(run)。如果 CPU 的时间正好被分配给该进程，也就是说该进程正被 CPU 运行着，那么这个进程就处于运行状态。对单 CPU 系统而言，由于系统里面只有一个 CPU，处于运行状态的进程也就只有一个(如果是多处理机系统，就可能有多个进程处于运行状态，这种情况我们不做讨论)。如果将操作系统的运行也看做进程，则在 CPU 时间轴上的任何时刻，都有一个进程在运行。当进程处于运行状态时，它所拥有的程序必然被运行。

(2) 就绪状态(ready)。当进程被调入到主存储器中，所有的运行条件也都满足，就是因为调度没有将 CPU 的时间分配给该进程，这时的进程处于就绪状态。处于就绪状态的进程可以有多个，所有能够运行而没有被运行的进程都处于就绪状态。

(3) 等待状态(wait)，也称阻塞状态。正在 CPU 上运行的进程，由于某种原因(如等待输入/输出设备)不再具备运行的条件而放弃 CPU 的使用权暂停运行。即除了 CPU 的时间不能分配给该进程，还因等待其他的条件，使进程根本不可能被运行，这样的进程处于等待状态。由于造成等待的条件是各种各样的，因此处于等待状态的进程也按不同的条件处于不同的等待队列之中,数量或多或少。

进程的状态之间可以相互转化(见图 3.2)。

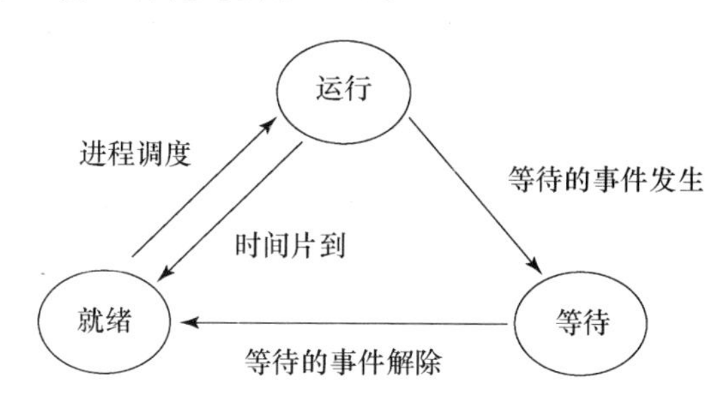

图 3.2　进程的状态转化图

处于运行状态的进程在时间片运行完毕时,会变为就绪状态,并被安排进入就绪进程的队列之中;如果处于运行状态的进程还没有执行完分配给它的时间片,由于某一种条件(如输入/输出的要求,某一种信息的等待)不满足,导致该进程必须退出运行状态,进程就变为等待状态,同时被安排入某一个等待队列之中。

处于等待队列之中的进程,如果其等待的条件被满足,它的状态就会变为就绪状态,同时被制造条件的那个进程安排进入就绪队列。处于等待状态的进程不可能直接变为运行状态。进程进入运行状态须遵守一定的规则,而这种规则只适用于就绪状态的进程。

处于就绪状态的进程可以变化为运行状态。当处于运行状态的进程因执行完分配给它的时间片或等待条件而放弃的时候,CPU 会转向执行进程调度程序,该程序的任务是按一定的规则从就绪队列中选出一个进程来执行,这个被选中的进程变化为运行状态。

例 3-1　进程基本状态变迁如图 3.2 所示。

假设由就绪状态变为运行状态称 1 变迁;

假设由运行状态变为就绪状态称 2 变迁;

假设由运行状态变为等待状态称 3 变迁;

假设由等待状态变为就绪状态称 4 变迁。

(1) 在什么情况下将发生下述状态的因果变迁?

a. 2 引起 1　　b. 3 引起 2　　c. 4 引起 1　　d. 3 引起 1

(2) 在什么情况下,下述状态变迁不会立即引起其他变迁?

a. 1　　b. 2　　c. 3　　d. 4

解答:

(1) 各种状态因果变迁发生的情况如下。

a. 正运行的进程因时间片到变为就绪状态的变迁 2,必然引起一个就绪进程被调度执行的变迁 1。

b. 不可能。

c. 当一进程从等待状态变为就绪状态的变迁 4,在该进程的优先级最高且系统采用抢占式调度时,就会引起该进程又被调度执行的变迁 1。

d. 正在运行的进程因请求资源未得到满足而变为等待状态的变迁 3,必然引起一个就绪进程被调度执行的变迁 1。

(2) 不引起其他变迁的情况如下。

a. 由就绪状态变为运行状态的变迁 1 不会引起其他变迁。

b. 变迁 2 必然引起变迁 1。

c. 仅当无就绪进程时,变迁 3 不引起变迁 1。

d. 在非抢占式调度下或从等待状态变为就绪状态时的进程优先级较低,则不引起变迁 1,当然也不引起其他变迁。

除了三种基本状态以外,进程还可以有其他的状态。在 UNIX 系统中,处于等待状态的进程按等待条件的紧急程度被分为高优先级睡眠和低优先级睡眠,就绪进程也根据它所处的存储位置被安排在不同的就绪队列中,当进程刚被建立还没有被激活时称为创建状态,当进程完成了它的所有任务将被撤销之前,称为死亡状态。由于 UNIX 系统中进程的状态种类比较多,状态变化就相对复杂一些。Linux 中的状态与 UNIX 系统类似,状态转化见图 3.3。

UNIX 的进程状态分为 9 种,用户运行态表示当前运行程序是用户程序;核心运行态表示处理机正在运行系统程序;当处于核心运行状态的进程请求某种资源而不能获得该进程时,进程就变为内存睡眠状态;当进程的数据区处于内存,进程一定处于内存就绪或者内存睡眠状态;当进程的数据区处于外存,进程则为外存就绪或者外存睡眠状态。用户运行态和核心运行态的转换是通过系统调用或中断的运行及返回来实现的。就绪态转换为运行态的是通过调度程序来实现的。进程在内存和外存之间的转移是通过换入、换出程序来实现的。至于创建态和僵死态,分别代表着进程正在被创建及进程已经完成其所有的功能正等待被撤销。

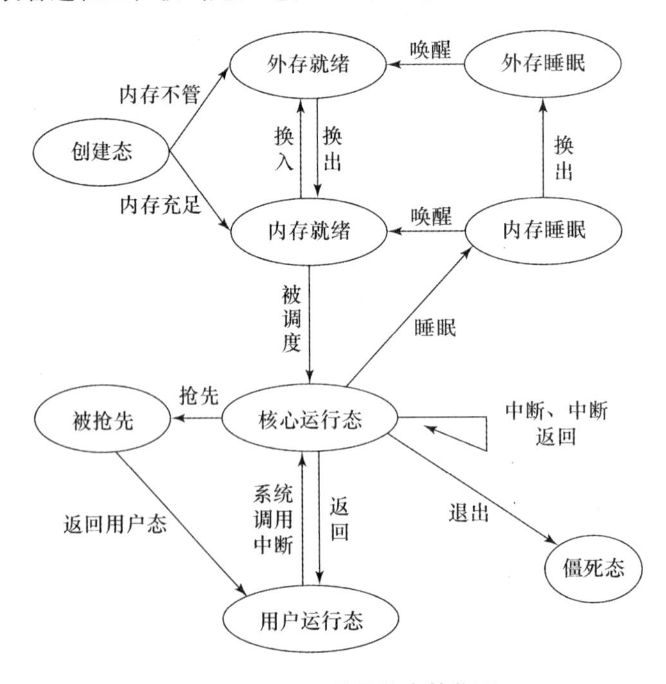

图 3.3 UNIX 进程状态转化图

3.2.3 进程控制块

进程作为一个实体存在,同时也为了与别的实体相区分,操作系统需要安排特殊的数据结构来对其进行描述,我们将描述进程的数据结构称为进程控制块(Process Control Block,

PCB)。当系统创建一个进程时即为它建立了一个 PCB,当进程被撤销时系统则发回为其分配的 PCB,故 PCB 是进程存在的唯一标志。不同的操作系统,其设置的 PCB 格式和所包含的信息也不尽相同。一般说来,PCB 应包含如下基本信息。

- 进程 ID:用来唯一地标志每一个进程。
- 进程优先级:处于就绪队列的进程被选作运行进程的优先指标。
- 用户名:要求建立该进程的用户。
- 设备名:建立该用户进程的终端进程所处的位置。
- 进程状态:对进程状态的说明。
- 程序指针:进程所对应的程序的内存地址。
- 程序大小:完成该进程功能的程序需要的存储空间数。
- 数据区指针:进程要处理的数据所在的内存地址。
- 数据区大小:进程要处理的数据所占的存储空间数。
- CPU 时间:该进程已经使用的 CPU 时间。
- 等待时间:该进程从上一次占有 CPU 到目前的时间。
- 家族:建立该进程的进程,也即进程的父进程;该进程所建立的子进程。通常情况是:父进程可以多次产生子进程,因此,它可以有多个子进程数;子进程又可以产生多个子进程,但子进程只能有一个父进程。
- 资源信息:程序与各种资源的联系信息。

还有许多进程描述参数,我们在需要的时候再进行说明。

有了 PCB,进程就成了看得见摸得着的东西,我们将构成进程的基本部分称为进程的实体。进程实体由三部分构成:程序段,数据段,进程控制块,见图 3.4。

程序段是进程需要运行的纯代码段。所谓纯代码段,就是在运行期间不会发生任何变化的程序段。数据段是进程需要处理的数据,数据段的特点是在数据处理过程中可以写入、修改、删除等。

系统中所有的 PCB 应按一定方式组织起来,以便有效管理、控制和调度进程,PCB 常用的组织方式有以下两种。

(1) 线性表的方式:不论进程的状态如何,将所有的 PCB 连续地存放在内存的系统区,这种方式管理简单,适用于系统中进程数目不多的情况,其缺点是检索速度慢,调度进程可能要查找整个 PCB 表。

(2) 队列方式(链接表方式):将处于相同的 PCB 组织队列,从而形成运行队列、就绪队列和等待队列。当采用队列的形式,进程的 PCB 可以存放于任何内存位置,只需要在 PCB 的结构中安排一个指针变量,该变量的值是下一个进程 PCB 的起始地址。进程的不同队列代表着进程的不同属性,如就绪进程队列、等待队列、打印机的队列等。

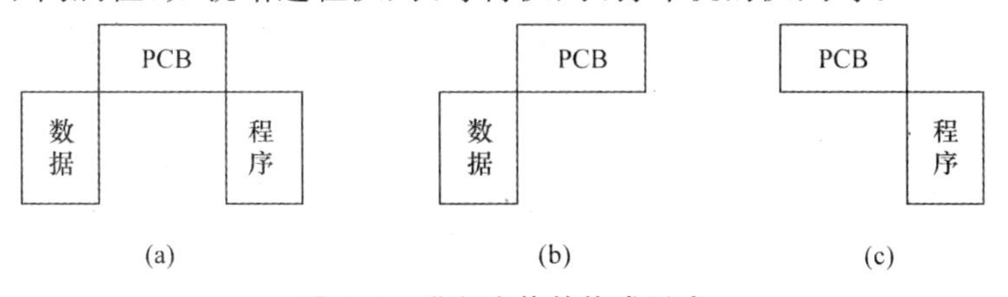

图 3.4　进程实体的构成形式

3.2.4 线程

进程的引入大大提高了资源的利用率，但进程既是资源申请的独立单位又是系统调度的独立单位，进程在创建、撤销和状态转换时会造成很大的系统开销，现代操作系统把资源分配和调度分离开来，让进程仍作为资源分配单位，而引入了比进程更小的独立运行单位——线程(thread)作为系统的调度单位，以进一步提高系统的开发能力并减少系统的开销。

在支持线程的操作系统中，线程是进程中的一个实体，是系统实施调度的独立单位。线程拥有一些在运行中必不可少的资源，它与属于同一进程的其他线程共享该进程所拥有的资源。各线程之间可以并发地运行。线程切换时只需保存和设置少量寄存器的内容，而并不涉及存储器管理方面的操作，所以线程切换的开销远远小于进程的切换(原运行进程状态的切换还要引起资源转移及现场保护问题)。同一个进程中的多个线程共享同一个地址空间，这使得线程之间同步和通信的实现也比较容易。

3.3 进程的控制与调度

为实现对进程的有效控制，操作系统必须具有创建一个新进程、撤销一个已运行结束的进程以及具有改变进程状态，实现进程间通信的能力。实现这些功能的机构属于操作系统的内核(kernel)。内核本身是加在硬件上的第一层软件，它通过执行各种原语(primitive)操作来实现其控制功能。这也正是操作系统程序和我们所见的普通意义上的程序的区别：它拥有某些特权，它是被称为调用或者原语的程序。

3.3.1 进程控制原语

原语是执行过程中不可中断的、实现某种独立功能的、可被其他程序调用的程序。操作系统的任务是管理系统所有资源并对系统中存在的各种实体的行为进行控制，因此，操作系统的程序所完成的是系统的核心功能。在程序的运行过程中，如果发生中断，就有可能导致整个系统的错误，因此，操作系统中的程序都是以原语的形式存在的。在原语的设计上，它有着比普通程序更严格的要求。除操作系统外，原语还可以用于其他的软件系统，承担其中核心部分的工作。

常用进程控制原语有创建原语、等待原语、唤醒原语和撤销原语。

(1) 创建原语：用来创建一个进程。实现进程从无到有的过程(见图 3.5)，因此，调用进程建立的原语者一定是被建立进程的父进程，并且在调用之前必须已经准备好如下参数：进程标识符、进程优先级以及进程程序的起始地址。进程建立所做的主要工作是：在进程控制块表中获取一个空记录，填入被建立进程的信息(包括该进程的程序地址，初始状态，就绪状态)。设立该进程的数据区域的指针以及该进程的父进程名称等。然后将新建立的进程插入到就绪状态的进程队列中。进程的建立并不影响调用者的状态，调用者只是在执行自己的程序时，完成了一个调用命令，接着继续进行后续的工作。

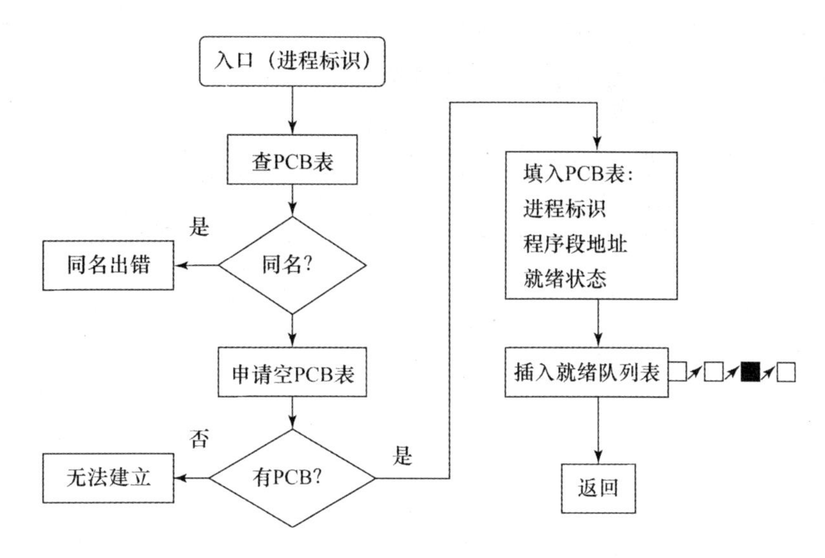

图 3.5　进程创建原语

需要注意的是，当进程建立以后并不是立即投入运行，而是进入就绪队列。这是因为被建立进程的父进程并没有安排进程运行的资格。被建立进程的运行靠进程调度来实现。

(2) 等待原语：当运行进程所期待的某一事件尚未出现时，运行进程就调用等待原语让自己等待起来。即进程的运行过程中，如果申请某一种条件而没有被满足，进程不得不中止当前的运行，进程等待原语就会被激活（见图 3.6）。

首先将当前进程的 PCB 中的状态由运行状态改变为等待状态，再根据等待条件将该进程插入到条件所对应的等待队列之中，最后转进程调度原语。由于没有进程处于运行状态，就需要选择新的进程来运行。

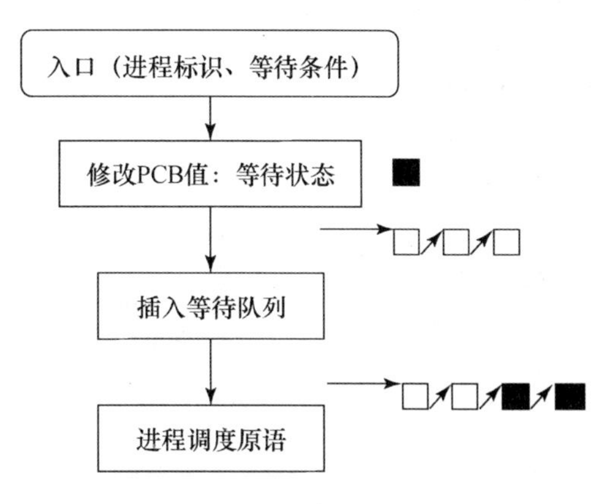

图 3.6　进程等待原语

(3) 唤醒原语：当被等待的进程所期待的事件出现了，由当前运行进程执行唤醒原语来唤醒被等待的进程。即如果在进程的运行过程中，需要释放某种资源或者使系统的某种条件成立，这意味着等待该种资源或者条件的进程有机会获得所等待的资源或条件，于是该进程就可以从等待状态变为就绪状态。不过这种状态的改变需要其他进程的帮助，具体做法是运行进程调用进程唤醒原语（见图 3.7）。

唤醒原语找到对应条件的等待队列，对该队列中的所有进程逐一完成下列工作，将进程状态从等待状态变为就绪状态,从等待队列中退出,然后插入到就绪队列中,直到所有的进程都被处理完毕。最后调用唤醒原语的进程继续执行。

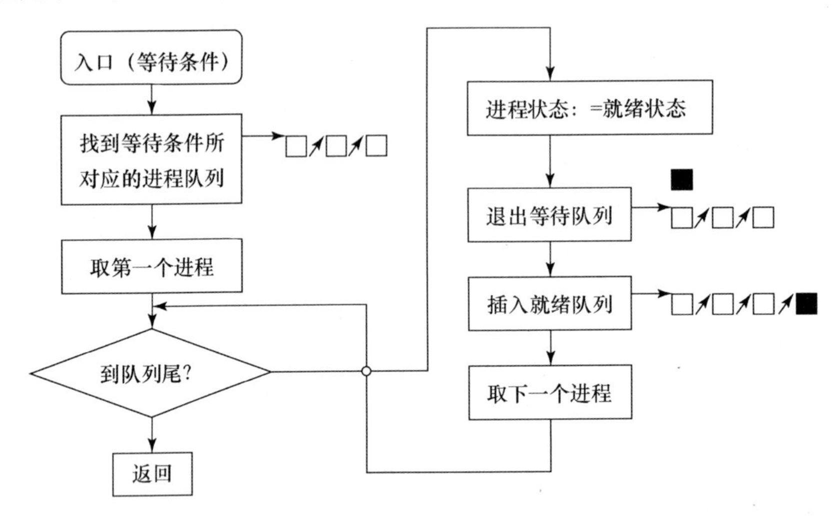

图 3.7　进程唤醒原语

(4) 撤销原语:当一个进程完成其规定的任务后应予以撤销。进程的撤销是进程消失的过程,当进程执行完自己所有的功能之后,就需要撤销。进程撤销由两部分构成。首先是被撤销进程自己所建立的子进程,释放自己所拥有的资源,将自己的进程控制块中除了进程标识符以外的所有内容进行清除,然后向父进程发出可以撤销的信息,进入等待撤销的状态。其次是父进程在获知有子进程等待撤销,就调用撤销原语找到该子进程,释放子进程的进程控制块,修改自己的进程控制块中与子进程有关的信息。由于进程的撤销由两部分构成,因此它由两个原语来实现。具体操作见图 3.8。

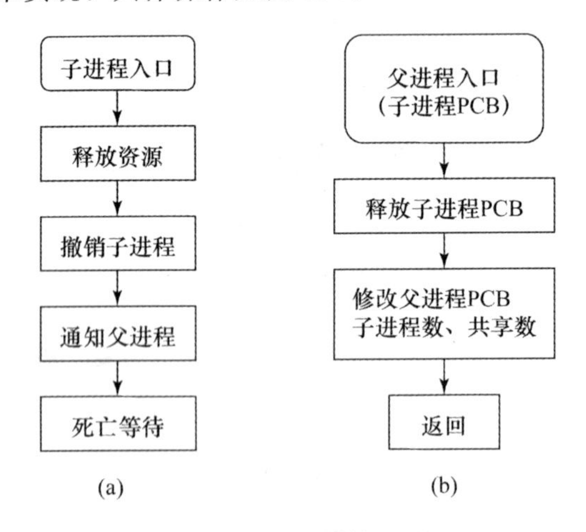

图 3.8　进程撤销原语

3.3.2　进程调度

在进程状态的变化中,从就绪到运行的切换是由一个专门的程序完成的,这就是进程调度程序。进程调度程序的功能如下:

（1）记住系统中所有进程的状态、优先级和资源需求情况（这些信息已保留在各进程的PCB中）。

（2）确定调度算法，决定把CPU分配给哪一个就绪进程。

（3）分配处理机指定的进程。

常用的进程调度算法如下。

（1）先进先出（FIFO）算法：按照进程进入就绪队列的先后次序获取CPU，这是一种非剥夺式调度。

（2）短进程优先（SPF）：从就绪队列中选出“下一个CPU执行期”最短的进程获取CPU，该调度算法性能较好，但“下一个CPU执行期”却难以知道，也容易造成进程“饿死”的现象。

（3）优先级算法：为每一个进程设置一个优先级，就绪队列按优先级从高到低排列。调度时总是选择优先级最高的就绪进程获取CPU。优先级调度算法可分为非剥夺式和剥夺式两种调度算法。优先级也可分为静态优先数和动态优先数两种。静态优先数是指进程的优先级在进程整个运行过程中不再改变。动态优先数则指进程的优先级在整个生命期内不断地发生变化，如进程优先级随着该进程占用CPU时间的增加而降低，从而消除进程“饿死”的现象。

（4）时间片轮转法：就绪进程排成一个队列，每次给队首进程分配CPU，当该进程执行完一个时间片后便剥夺其CPU并将其送入就绪队列队尾，然后再选择下一个队首进程分配CPU并执行一个时间片，如此循环下去，从而体现了公平性。

（5）多队列轮转法：采用优先级与时间片轮转法结合的方式，可按优先级由高到低分为多个队列。通常，高优先级队列的时间片小，低优先级队列的时间片大。每个队列采用轮转法执行，如果在一个队列中没有运行结束，则降低优先级至下一个队列。仅在没有高优先级队列的进程时，才选择低一级队列中的就绪进程占用CPU。于是，短作业能够较快地占用CPU并运行结束，而长作业在多次调用后也可以占用CPU较长时间，避免了因频繁调度而增加的系统开销。

3.3.3 Linux中的进程控制

在Linux系统中，进程控制的原语有：进程建立（fork）、进程监控（ps）、进程优先级的确定（nice）、进程等待（lock）、进程唤醒（wakeup）、进程终止（kill）等。可以在Linux提供给用户的界面（shell）上运行所有的原语。另外，在Linux中，还有前台进程和后台进程的概念。前台进程指运行时在标准输出设备上能看见其运行结果的进程，一般运行单条命令时，多采用前台方式；后台进程指运行时看不见运行结果的进程。前台进程和后台进程之间可以相互转换。

在Linux中，系统引导时会自动建立一个进程，称为进程0，这个进程是所有进程的祖先，负责完成进程的调度。然后进程0建立自己的子进程：进程1。除进程1外，进程0将建立其他许多与系统管理有关的进程。

当用户登录到系统时，进程1为用户创建一个shell进程，用户在shell下创建的进程一般都是shell的子进程，因此shell是该用户所有进程的父进程。当用户注销时，该进程也被撤销。另外，还有一些由系统创建的贯穿某一特定过程的进程。这些进程是为特定的目的而创建的，而且当其目的达到后，它们也不再存在。比如打电话的进程，当电话通话结束后，该进程也随之死亡。

3.4 进程的同步与互斥

由于进程是并发程序的执行，在进程执行时必然存在着各种形式的关系，有的进程争夺一种资源，有的进程要相互合作来完成一个任务，有时由于调度程序的安排，进程之间也会相互影响。不管相互间有何关系，都涉及进程的执行顺序。各种可能的执行顺序见图 3.9，每个箭头表示一个进程。

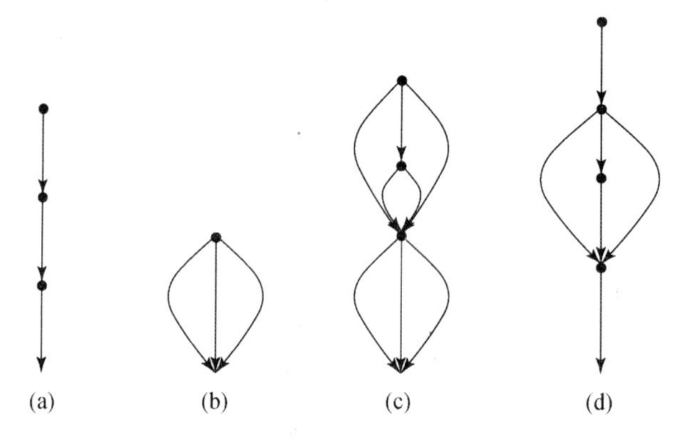

图 3.9 进程运行关系

(1) 串行。进程的执行有规定的先后顺序，只有在前一个进程执行完毕以后，才能开始后一个进程的执行。在前后进程的交接点，须采取某一协调措施来保证指定的执行顺序，见图 3.9(a)。

(2) 并行。并行的进程在逻辑上可以同时运行。这样的进程相互之间没有任何关系，各自独立运行，因此在调度顺序上也没有特别的要求，见图 3.9(b)。

(3) 串并行。进程之间的关系即有串行也有并行，甚至串行中包含并行或者并行包含串行，调度时须在分清串行或者并行关系的基础上采取对应的方法，见图 3.9(c)。

(4) 一般。进程的执行顺序既有并行形式又有串行形式，有时甚至无法区分是并行还是串行。对这样的情况我们不再强行区分哪些地方是串行哪些地方是并行，而只考虑进程相互之间的交接点，只要对交接点处理正确，就可以保证正确的执行顺序。

3.4.1 同步与互斥的概念

(1) 进程同步：若干进程为完成一个共同任务而相互合作，由于合作的每一个进程都是以独立的、不可预知的速度向前推进，这就需要相互合作的进程在某些协调点处来协调它们的工作。当一个合作进程到达协调点后，在未得到其他合作进程发来的消息之前则阻塞自己，直到其他合作进程给出协调信号后方被唤醒而继续执行。进程之间这种相互合作等待对方消息的协调关系就称为进程同步。

(2) 进程互斥：进程的互斥通常是进程相互间争夺独占性资源而引起的。例如，两个进程共享一台打印机，若让它们随意使用，则很容易发生两进程的输出结果混淆在一起的情况。解决这个问题的方法是，当一个进程提出打印申请并得到许可后，打印机就一直为该进程所独占；如果在此期间有另一进程也提出打印申请，则必须等待使用打印机的那个进程释放打印机后方可使用。

例 3-2　进程之间存在哪几种相互制约关系？各是什么原因引起的？下列活动分别属于哪种制约关系？

(1) 若干同学去图书馆借书；

(2) 两队举行篮球赛；

(3) 流水线生产的各道工序；

(4) 商品生产和社会消费。

解答：

进程之间的相互制约关系分为同步和互斥。同步是因合作进程之间协调彼此的工作而控制自己的执行速度，即因相互合作、相互等待而产生的制约关系；而互斥是进程之间竞争临界资源而禁止两个以上的进程同时进入临界区所发生的制约关系。

(1) 属于互斥关系，因为一本书只能借给一个同学。

(2) 属于互斥关系，篮球只有一个，两队都要争夺。

(3) 属于同步关系，各道工序的开始都依赖前一道工序的完成。

(4) 属于同步关系，商品没生产出来则消费无法进行，商品没有消费完则无须再生产。

3.4.2　临界资源与临界区

系统中有些资源可以供多个进程同时使用，有些资源则一次仅允许一个进程使用。我们将一次允许一个进程使用的资源称为临界资源(critical resource)。很多物理设备如打印机、磁带机等都属于临界资源，某些软件的变量、数据、表格也不允许两个进程同时使用，所以也是临界资源。

进程在并发执行中可以共享系统中资源，但对临界资源的访问则必须互斥进行，也即各进程对临界资源进行操作的那段程序其执行也应是互斥的，只有这样才能保证对临界资源的互斥访问。我们把一个进程访问临界资源的那段程序代码称为临界区(critical section)。

有了临界区的概念，进程间的互斥就可以描述为：禁止两个以上的进程同时进入访问同一临界资源的临界区。为此，必须有专门的同步机构来协调它们，协调的准则如下。

(1) 空闲让进——无进程处于临界区时，若有进程要求进入临界区应立即允许进入。

(2) 忙则等待——当已有进程进入其临界区时，其他试图进入各自临界区的进程必须等待，以保证诸进程互斥地进入临界区。

(3) 有限等待——有若干进程要求进入临界区时，应在有限时间内使一个进程进入临界区，即它们不相互等待而谁都不进入临界区。

(4) 让权等待——对于等待进入临界区的进程必须释放其拥有的 CPU。

下面我们来看一段程序，以此来了解临界段的具体表现。

进程 A 和进程 B 在各自的执行过程中，都需要使用变量 M 作为其中间变量，它们的程序如下：

```
进程 A：
X：=1；
Y：=2；
M：=X；
X：=Y；
Y：=M；
PRINT("A：",X,Y)；
进程 B：
K：=3；
L：=4；
M：=K；
K：=L；
L：=M；
PRINT("B：",K,L)；
```

进程 A 和进程 B 原本相互没有关系，它们都是进行数据交换，然后通过打印机将交换过的数据输出。由于 CPU 的调度是随机的，因此进程 A 和进程 B 的执行顺序可以是多种多样的。

如果按照进程 A→进程 B 或者进程 B→进程 A 顺序运行，会产生如下结果。

```
A：2  1      或者  B：4  3
B：4  3            A：2  1
```

如果两个进程交替运行，形式如：

```
进程 A：X：=1；Y：=2；
进程 B：K：=3；L：=4；
进程 A：M：=X；X：=Y；Y：=M；
进程 B：M：=K；K：=L；L：=M；
进程 A：PRINT("A：",X,Y)；
进程 B：PRINT("B：",K,L)；
```

产生的结果会是：

```
A：2  1
B：4  3
```

或者运行顺序如：

```
进程 B：K：=3；L：=4；
进程 A：X：=1；Y：=2；
进程 A：M：=X；X：=Y；Y：=M；
进程 B：M：=K；K：=L；L：=M；
进程 B：PRINT("B：",K,L)；
进程 A：PRINT("A：",X,Y)；
```

产生的结果会是：

```
B：4  3
A：2  1
```

在这里要注意程序段 A、B

```
进程A:
M: = X;
X: = Y;
Y: = M;
进程B:
M: = K;
K: = L;
L: = M;
```

它们在执行过程中每次都是完整执行的，因此运行结果是正确的。

如果采用一种极端的调度形式，进程 A 和进程 B 完全交替执行，执行顺序如下：

```
进程A:  X: = 1;
进程B:  K: = 3;
进程A:  Y: = 2;
进程B:  L: = 4;
进程A:  M: = X;
进程B:  M: = K;
进程A:  X: = Y;
进程B:  K: = L;
进程A:  Y: = M;
进程B:  L: = M;
进程A:  PRINT("A: ",X,Y);
进程B:  PRINT("B: ",K,L);
```

则运行的结果是：

```
A: 2  3
B: 4  3
```

这不是我们希望得到结果。可见，如果对于进程 A 和 B

```
进程A:
M: = X;
X: = Y;
Y: = M;
进程B:
M: = K;
K: = L;
L: = M;
```

只要保证程序段执行的完整性，就可以获得预期的结果；如果不保障上面程序段连续执行，则运行的结果是不可预测的。上面的两个程序段就是临界段。临界段中程序的执行必须遵守临界段的设计原则。只有在上面两个程序段互斥运行的情况下，才可以保证获得正确的运行结果。

3.4.3 互斥与同步的实现

操作系统的设计者曾经研究出多种实现互斥和同步的方法。在 Linux 中，进程等待和进程唤醒原语也可以实现进程的互斥和同步，也有采用硬件方法来实现互斥和同步的。普遍认为具有典型意义的方法是对信号量进行操作的P、V操作原语。

1. 信号量及P、V操作原语

信号量(semaphore)是表示资源的物理量，也是一个与队列有关的整形变量，其值仅能由P、V操作原语来改变。当S<0时，其绝对值代表进入信号量指针队列的处于等待状态的进程数；当S>0时，其值代表系统中可用的资源数；当S=0时，表示所有资源都分配给了所有进程。系统利用信号量对进程控制和管理，即控制进程对临界资源或公共变量的访问，以实现进程的同步与互斥。

根据用途的不同，信号量又分为公用信号量和私用信号量两类。公用信号量通常用于实现进程之间的互斥，初值也通常为1，它所联系的一组并发进程均可对其实施P、V操作；私用信号量一般用于实现进程的同步，初值为0或某个正整数，并仅允许拥有它的进程对其实施P操作。

P、V操作是定义在信号量S上的两个原语操作，其定义如下：

P(S)：(1) S：=S－1；

(2) 若S≥0，则调用P(S)的这个进程继续进行；

(3) 若S<0，则调用P(S)的这个进程被阻塞，并将其插入到等待信号量S的阻塞队列中。

V(S)：(1) S：=S+1；

(2) 若S>0，则调用P(S)这个进程继续运行；

(3) 若S≤0，则先从等待信号量S的阻塞队列中唤醒队首进程，然后调用V(S)这个进程继续运行。

利用信号量与P、V操作可以方便地解决临界区问题。信号量的入口值非常重要，它关系着进程是否进入等待状态，或者是否能被唤醒。S的初值在定义信号量时确定，实现进程的互斥与同步和信号量的初值有很大关系。

注意：P操作实质是申请一个资源，V操作实质是释放一个资源。

2. 用P、V操作实现进程的同步与互斥

例3-3 假定有两个进程P1、P2都要访问某一临界资源，它们各自的临界区(访问临界资源的那段程序)为L1、L2。下面的设计就可以满足进程的互斥要求(只需把临界区置在P(S)和V(S)之间即可实现两进程的互斥)：

```
信号量  S=1;          /*定义信号量并确定初值*/
进程P1                进程P2
……                    ……
P(S)                  P(S)
L1                    L2
V(S)                  V(S)
……                    ……
```

由于信号量的初值为1，故P1进程执行P操作后S值减为0，表明临界资源已被P1进程占用，现临界资源为空，此时可进入P1的临界区(即执行L1)；若这时进程P2请求进入临界区，也同样是先执行P操作使得S减为－1，故P2进程被阻塞。当P1进程退出临界区(即

L1执行完毕)执行了V操作后,则释放临界资源(使S增1)而使信号量S恢复为0,这时唤醒阻塞的进程P2;待P2进程进入临界区(执行L2)结束后,又执行V操作使信号量S恢复到原初值1。先执行进程P2后执行进程P1也可类似进行分析。

通过此例可看出:信号量S>0时的数值表示某类资源的可用数量,执行P操作意味着申请分配一个单位资源,故执行S减1操作;若减1后S<0则表示已无资源可用,这时S的绝对值表示信号量S对应的阻塞队列中进程个数。执行一次V操作则意味着释放一个单位的资源,故执行S增1操作,若增1后S≤0则表示信号量S的阻塞队列中仍有被阻塞的进程,故应唤醒该队列上的头一个阻塞进程。

注意:系统中各个进程虽然可以独立地向前推进,但在访问临界资源及合作完成任务时就必须进行协调,以免出错。这种协调的实质是当出现资源竞争冲突时,就将原来并发执行的诸多进程在协调下(如通过P、V操作)变为顺序执行,当资源竞争的冲突消除后又恢复并发执行。这就像与单线桥相连的多条铁路一样,多个火车未上桥前可以独立地运行,但通过单线桥时就只能在调度员的协调下逐个过桥(即互斥过桥),过桥后又可恢复各自的独立运行。

例3-4 设有进程A和B,要求进程A的输出结果成为进程B的输入信号,也就是说进程B必须在进程A执行完毕后才能执行。实现方法如下:

```
信号量 S=0;
进程 A:
……
V(S);
……
进程 B:
……
P(S);
……
```

如果进程A先于进程B执行,通过V操作将信号量S的值改变为+1,当进程B执行时,通过P操作改变信号量S的值为0,进程B顺利行。如果进程B先于进程A执行,通过P操作将信号量S的值改变为-1,同时进程B被安排进入信号量指针指向处于等待状态的进程队列,只有当进程A执行时,由V操作改变信号量S的值,同时唤醒进程B,使之能够执行。采用P、V操作后,不管调度顺序如何,都能保证所要求的进程A先于进程B的执行。

例3-5 设有一售票厅,并规定在厅内购票的人数不得超过20人,如果厅内购票人数少于20人,则允许进入,如果厅内购票人数正好20人,则必须在厅外等候,试问:

(1) 这是一个同步问题还是一个互斥问题?

(2) 用P、V操作写出购票者的有关程序。

(3) 信号量的初值是多少?

解答:

(1) 由于售票厅是一个临界资源,所以这是一个互斥问题,不同的是这个临界资源最多可供20个购票者进程访问。

(2) 每一个购票者作为一个进程,设置互斥信号量mutex,则购票者进程描述如下:

```
begin
          mutex: = 20;
          cobegin
            购票者进程 Pi(i = 1,2,3,…,20):
begin
          P(mutex);
          进入售票厅;
          购票;
          退出售票厅;
          V(mutex);
end
          coend
end;
```

(3) 信号量 mutex 的初值为 20。

P、V 操作解决了因进程并发执行而引起的资源竞争问题和进程合作问题,当出现资源竞争的情况时,通过 P 操作来协调相关进程由并发执行转为顺序执行(互斥地进入临界区),在退出临界区后再由 V 操作协调恢复并发执行。P、V 操作也同时解决了因进程并发执行而带来的不可再现问题,使得进程的并发执行真正得以实现。

例 3-6 设有 M 个进程都要以独享的方式用到某一种资源,且一次只申请一个资源,该种资源的数目为 N。实现方法如下:

```
信号量  S = N;
进程 Pi: (1≤i≤M)
……
P(S);
CSi
V(S);
……
```

要理解这一个例子,可以思考如下几个问题:

(1) 如何确定信号量 S 的变化范围? (N－M≤S≤N)。

(2) 当 S 处于最大值和最小值时意味着什么?

如果 N>M,当 S=N－M 时,S 代表最少的剩下的未使用的资源数,当 S=N 时,S 表示最大的可使用的资源数。

如果 N<M,当 S=N－M 时,|S| 代表进入信号量指针队列的处于等待状态的进程数,当 S=N 时,S 表示最大的可使用的资源数。

如果 N=M,当 S=N－M=0 时,S 代表所有的资源都分配给了所有的进程,当 S=N 时,S 表示最大的可使用的资源数。

(3) 当 M>S>0 时,S 有何意义? (S 代表可用的资源数)

3.5 进程通信

我们已经知道一个作业的执行经常是由若干个进程的相互合作来完成,这些进程是并发执行的，但它们之间必须保持一定的联系，才能协调地完成任务。在多道程序设计的系统中，若干个作业又可能要共享某些资源，在上面几节的讨论中，我们看到为了保证安全地共享资源，必须交换一些信号来实现进程的互斥和同步。总之，在计算机系统中，并发进程之间经常要交换一些信息，把并发进程间交换信息的工作称“进程通信”。

并发进程间可以通过 P、V 操作交换信息实现进程的互斥和同步，因此，把 P、V 操作可看做是进程间的一种通信方式，但这种通信只交换了少量的信息，是一种低级通信方式。进程间有时要交换大量的信息，这种大量信息的传递要有专门的通信机制来实现，由专门的通信机制实现进程间交换信息的方式称为高级的通信方式。

这里介绍一种利用信箱进行高级通信的方式，用信箱实现进程间互通信息的通信机制要有两个通信原语，它们是“发送”(send)原语和“接收”(receive)原语。进程间用信件来交换信息，A 进程欲想向 B 进程发送信息时，把信息组织成一封信件，然后调用 send 原语向 B 进程发出信件，投入 B 进程的信箱中。B 进程想得到 A 进程的消息时，只要调用 receive 原语就可以从信箱中索取来自 A 进程的信件，这就完成了一次 A 进程与 B 进程的通信过程。B 进程得到 A 进程发来的信息后进行适当的处理，然后可以把处理的结果组织成一封回信发送回去。A 进程发出信息后，想要得到对方的处理情况，也要索取一封回信，实现了 B 进程与 A 进程之间的另一次通信过程。

若干个进程都可以向同一个进程发送信件，每个进程用 send 原语把信件送入指定进程的信箱中，这时信箱应能容纳多封信件。但当信箱的大小确定后，可存放的信件数就有了限制。为避免信件的丢失，send 原语不能向已装满的信箱中投入信件，当信箱已满时，发送者必须等待接收进程从信箱中取走一封信后，才可再放入一封信。同样，一个进程可有 receive 原语取出指定信箱中的一封信，但 receive 原语不能从空的信箱中取出信件。当信箱中无信时，接收者必须等待信箱中有信时再取。

进程调用 send 原语发送信件时，必须先组织好信件，然后再调用 send 原语且调用时要给出参数：信发送到哪个信箱、信件内容或者信件存放地址。进程调用 receive 原语接收信件时，也要给出参数：从哪个信箱取信、取出的信件存放到哪里。

综上所述，send 和 receive 原语的功能如下。

3.5.1 send(B,M)原语

把信件 M 送入信箱 B 中，实现过程是：

查指定信箱 B，若信箱 B 未满，把信件 M 送入信箱 B 中，如果有进程在等 B 信箱中的信件，则释放“等信件”的进程；若信箱 B 已满，把向信箱 B 发送信件的进程置成“等信箱”的状态。

3.5.2 receive(B,X)原语

从信箱 B 中取出一封信存放到指定的地址 X 中，实现过程是：

查指定信箱 B，若信箱 B 中有信，取出一封信放在指定的地址 X 中，如果有进程在等待把信存入信箱 B 中，则释放“等信箱”的进程；若信箱 B 中无信，把要求从信箱 B 中取信的进程置成“等信件”状态。

为了便于了解信箱中的情况，可规定每个信箱都有一个信箱说明，信箱的结构如图 3.10 所示。

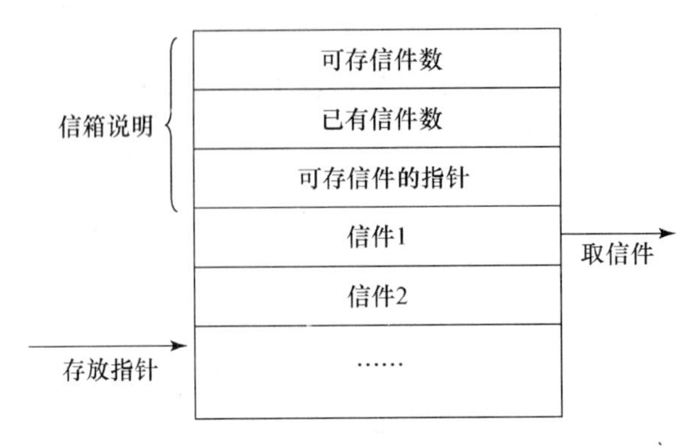

图 3.10 信箱结构

从“可存信件数”和“已有信件数”能判别信箱是否满和信箱中是否有信件，“可存信件的指针”指出当前可把信件存入信箱的位置。“可存信件数”是在设置信箱时预先确定的，其余的内容应在存一封信或取出一封信后作修改。为简单起见，规定取信时总是取第一封信，当第一封信被取走后，其余的信就向上移动。

现在举一个进程通信的例子，说明进程间的通信关系。

例 3-6 假定启动磁盘的工作由一个称为“磁盘管理”的进程来做，那么任意一个进程要访问磁盘时，就只要向“磁盘管理”进程发一封信，信件中指出发送进程的信箱和访问磁盘的要求(例如指出：发送进程的信箱名 name；读/写；读/写的信息存放在主存储器中的起始地址；读/写信息的长度；访问磁盘的柱面号、磁头号、扇区号等)。“磁盘管理”进程只要逐封处理信箱中信件就能使各进程得到从磁盘上读出的信息或者把信息写到磁盘上。

任一进程要向“磁盘管理”进程发信时，先按自己的要求组织好信件 M，然后调用 send 原语把信件送入“磁盘管理”所设置的信箱 P 中。“磁盘管理”进程调用 receive 原语请求从自己的信箱 P 中取出一封信，然后按信件要求组织通道程序，把通道程序首地址存入通道地址字，用“启动 I/O”指令启动磁盘工作。当磁盘启动成功后，“磁盘管理”进程要等待磁盘与主存储器之间进行信息传输，传输结束后，把传输完成还是失败的信息组织成一封回信送给请求访问磁盘者，然后再从自己的信箱 P 中取一封信处理。它们的工作可如下进行：

欲访问磁盘的进程	“磁盘管理”
begin	begin
……	
组织信件 M;	L1：receive(P,X);
send(P,M);	按信件要求组织通道程序；
……	存通道程序首地址；
end;	启动磁盘；
	(等磁盘传输结束)
	组织回信 N;
	send(name,N);
	goto L1
	END;

3.6 死 锁

3.6.1 死锁的形成

前面我们介绍了进程之间的主动关系，这种主动关系是在进程提出要求时由操作系统来实现的。在系统运行过程中，各个进程之间又会形成一种被动关系，被动关系是偶发的，不可预测的，一般情况下，进程相互之间的被动关系对系统并无影响，但存在着一种特殊的关系，一旦发生会导致系统的瘫痪，这就是我们要介绍的死锁。

先来看一个例子。在交通的十字路口4辆汽车造成了路口阻塞(见图3.11)，任何人都会发现：只要其中任何一辆汽车向后退出一个车道，交通马上就会通畅。可是如果这4辆汽车互不相让，交通就只有瘫痪，当然如果交通警察来了，强行地拖走其中一辆汽车，交通会通畅。这种因调度不善而导致的瘫痪就是交通中的死锁。

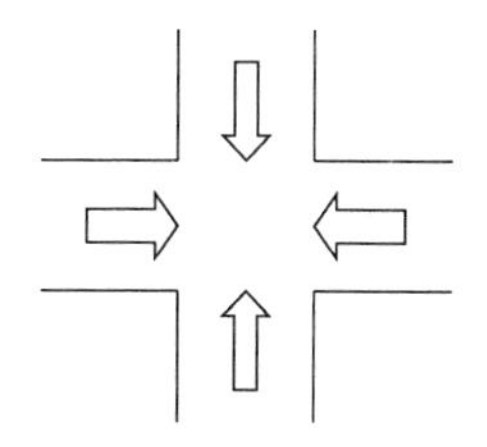

图3.11 交通死锁

再来看一个例子。进程A进程B共同申请资源M1和M2，申请和释放序列如下：

```
信号量 S1=S2=1;
进程 A:                      进程 B:
……                           ……
P(S1);                       P(S2);
P(S2);                       P(S1);
……                           ……
V(S1);                       V(S2);
V(S2);                       V(SI);
……                           ……
```

这里P操作代表资源的申请，V操作代表资源的释放，选择两种执行顺序，来看看执行结果。

```
进程 A:
        ……
        P(S1);
        P(S2);
进程 B:
        ……
        P(S2);
        P(S1);
```

```
进程 A：
        ……
        V(S1)；
        V(S2)；
    进程 B：
        ……
        V(S2)；
        V(S1)；
        ……
```

进程 A 和进程 B 都将顺利执行。另一种调度顺序如下：

```
进程 A：  P(S1)；
进程 B：  P(S2)；
进程 A：  P(S2)；
进程 B：  P(S1)；
进程 A：  ……
              V(S1)；
              V(S2)；
              ……
进程 B：  ……
              V(S2)；
              V(S1)；
              ……
```

运行的结果是：当进程 A 申请资源 M2 时，因 M2 已被进程 B 占有而无法获得，进入等待队列；当进程 B 申请资源 M1 时，因 M 已被进程 A 占有而无法获得，进入等待队列。如果系统中只有两个进程，由于所有的进程都处于等待状态，则系统瘫痪。

3.6.2 死锁的定义

当多个进程因竞争资源而造成一种僵局，在无外力作用下，这些进程将永远不能继续向前推进，我们称这种现象为死锁。死锁也是若干进程都是无知地等待对方释放资源而处于无休止的等待状态。死锁是一种系统状态。当死锁发生时，CPU 不断运行调度程序，但由于就绪进程队列为空，没有任何运行的进程，因此系统虽然在运行，但不产生任何结果。如果不对死锁进行处理，CPU 空转也是危险的。

死锁是系统的一种非常致命的状态，什么样的系统会发生死锁呢？由上面的例子我们知道，死锁是在系统中进程处于一种特殊的运行顺序时发生，如果不按这种顺序运行就不会发生死锁。这样的调度顺序其实是偶然的，但处于这样的调度顺序的系统不一定会发生死锁，比如对于交通死锁的情况，如果交通调度程序采取允许一条道路两辆汽车并行，或者用红绿灯控制顺序，就不会发生死锁；再看资源分配与释放时发生死锁的情况，如果进程 B 申请资源的顺序变为“P(S1)，P(S2)”也不会发生死锁。

因此产生死锁的原因可归结为以下两点。

(1) 系统资源不足：产生死锁的根本原因是可供多个进程共享的系统资源不足，并且只有进程提出资源请求时才会发生死锁。

(2) 进程推进顺序不当：由于各进程都独立地向前推进，就可能出现按某种顺序联合推进可使系统中的所有进程都能运行结束；而按另一种顺序联合推进则将导致所有的进程都无法继续运行而陷入"死锁"状态，那么这种顺序就是不正确的。

3.6.3 死锁的防止

为了防止死锁，应先分析在什么情况下可能发生死锁，从引起死锁的例子中看出系统出现死锁必须同时保持 4 个必要条件。

(1) 资源的互斥使用。进程一旦获得资源，就不允许别的进程使用该资源，这表明独享资源是引起死锁的一个条件。

(2) 资源不可抢占。当进程获得资源后，就一直占有该资源直到使用完毕后释放。如果死锁发生，有进程强行地从别的进程手中夺过资源，则该进程就可以运行，因此不会发生死锁。

(3) 资源的部分分配。进程申请若干资源，但只获得其中一部分。而如果等待的另外一部分资源被别的进程占有，该进程继续运行的机会显然减少。如果一次将它需要的所有资源都予以分配，则必然不会发生死锁。

(4) 循环等待。当若干进程对资源的等待构成等待环路时(见图 3.12)，显然死锁已经发生。如果某种外部作用使环路消除，死锁状态也就被解除。在图 3.15 中，当进程 A 占有了资源 R1、进程 B 占有了资源 R2，并且在不释放自己所占资源的情况下，进程 A 和进程 B 又向系统申请获得对方的资源，由于得不到满足，A、B 均进入等待状态，从而造成了进程 A、B 永远无法运行而产生了死锁。

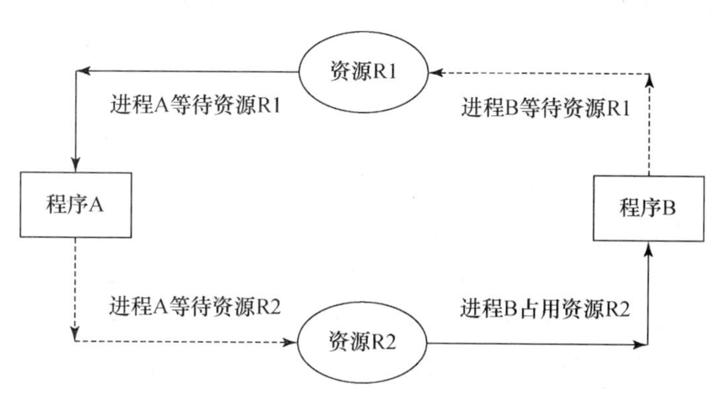

图 3.12 死锁状态下的进程——资源图

例 3-6 小河中铺了一串垫脚石过河。试说明什么是过河问题中的死锁，并给出破坏死锁的 4 个必要条件，这些均可以解决过河问题。

解答：

当垫脚石每次只允许一个人通过，而两人在河中相遇并且都不退让时则出现了死锁。破坏死锁的 4 个必要条件方法如下。

(1) 破坏互斥条件：加宽垫脚石，允许两人共享同一块垫脚石。

(2) 破坏部分分配条件：在过河前，每个人必须申请使用河中的所有垫脚石。

(3) 破坏不剥夺条件：当两人在河中相遇时强行要求过河的另一方撤回。

(4) 破坏环路等待条件：为避免河中两人都要求使用对方的垫脚石而铺设两串垫脚石供双方使用。

另外，要判断一个系统是否会发生死锁，可以先用部分分配方法按各个进程对资源的申请平均分配资源，如果所有申请都没有实现全部分配，表明系统可能形成循环等待，因此可能发生死锁。

例 3-7 有两个进程各申请三个资源，而系统共有五个资源，那么会不会发生死锁呢？

解答： 系统是不可能发生死锁的。

因为经过平均分配，这两个进程中必有一个可以获得三个资源，因此不会发生循环等待，系统肯定不会发生死锁。如果系统中只有四个资源，则可能发生死锁，因为经过平均分配每一个进程都获得两个资源，都还需要对方释放一个资源才能够运行，这种相互等待必然是循环等待。

例 3-8 一个操作系统有 20 个进程，竞争使用 65 个同类资源，申请方式是逐个进行的，一旦某进程获得它所需要的全部数量，立即归还所有资源。每个进程最多使用 3 个资源。若仅考虑这类资源，该系统有无可能全部死锁，为什么？

解答：

若仅考虑这一类资源的分配，则不会产生死锁。因为产生的原因有两点：系统资源不足或进程推进顺序不当。而本题的系统中，进程所需要最大资源数为 $20\times3=60$，但系统却有 65 个该资源，所以资源数完全满足需要，故不会出现死锁。

要消除死锁，从理论上讲并不困难，只要解除任一个死锁的必要条件就可以了。操作系统设计者们研究了很多方法，归纳起来有三类：运行前预防，运行中避免，运行后解除。

3.6.4 死锁的避免

1. 运行前预防

在进程被创建时就采取预防措施，方法有：

(1) 对所申请的资源一次性全部分配。这种分配方法虽然不会产生死锁，却会引起资源的严重浪费，它使某些使用时间很短的资源被长时间占用。

(2) 按一定的资源序列号升序或降序地分配资源。这种分配办法可以预防循环等待的发生，因此不会发生死锁，但资源序号的排定是一个让人为难的问题，并且低序号资源同样可能被浪费。

2. 运行中避免

操作系统运行一定的管理程序对提出资源申请的进程进行核查，以判定是否能分配资源。有人从数学的角度推导出某些算法，但这些算法的运行会占用 CPU 的时间，因此，是好是坏难以评说。

3. 运行后解除

在进程的运行过程中不采取任何预防死锁发生的措施，在死锁真正发生后，对某些引起死锁的进程进行解除，系统便可恢复正常运行。如果系统运行的是某些要求高可靠性的进程，运行后则解除可能导致的安全问题。这要求在进程的运行过程中不断地进行安全检测，记录现场信息，即使如此也不可能完全保证系统的可靠性。如果系统面向普通用户，可以采取运行后解除办法，事实上在我们使用多用户机时，偶然发生系统突然停止工作的情况，这多半是死锁发生了，过一会儿系统恢复正常工作，表明系统管理员已经对死锁进行了解除。

在单机系统或面向普通用户的多用户系统中，对死锁的发生几乎都没有采取措施。由于计算机硬件的发展，增加更多的设备已经不是问题，因此可以采用增加资源数的办法来降低死锁发生的机会。对于要求更严格的系统，也可以采取多机并行的方法来预防系统的瘫痪，这也是一种增加硬件的方式。其实死锁的危害更多表现在网络系统中，死锁一旦发生将涉及大量的用户，这已经超出了我们的研究范围。

3.6.5 死锁的检测

有的系统并不是经常会出现死锁的，所以，在分配资源时不加特别的限制，只要有剩余资源，就总能把资源分给申请者。当然，这样可能会出现死锁。这种系统采用定时运行一个“死锁检测”程序(该程序本身超出我们讨论的范围)，当检测到有死锁情况时再设法将其排除。

检测到死锁后可采用抢夺这些进程占有的资源，或强迫进程结束，或重新启动操作系统等办法来解除死锁。在一个实际的操作系统中，为了安全和可靠，往往采用死锁的防止、避免和检测的混合策略，对不同的资源采用不同的分配策略，以保证整个系统不出现死锁。

3.7 进程、程序、作业与任务

操作系统的设计者不断推出新的名词来描述系统行为，目前用得较多的有：进程、任务和线程。但它们都离不开对资源的竞争，因此，又可以将调度算法划分为对CPU的竞争、对存储器的竞争或对输入/输出的竞争。

相对来说，作业概念更多地用于脱机处理系统，进程的概念更多地用于联机处理。在Linux系统中虽然有设置前台作业和后台作业的功能，但它处理的对象还是进程。而Windows XP中设有明显的作业概念，而只有任务、进程、线程概念。其中，任务和进程是对同一实体在不同时期的不同称呼。任务的表现形式为用户使用的可执行的单元，在任务没有被启用时，它只是存在于辅助存储器上的一组程序和数据，同时在Windows XP的注册器中进行了记录。通过鼠标对任务图标的双击，任务被装入内存中，并且开始运行，这时它就被称为进程。该进程拥有系统资源和私有资源，在进程运行终止时资源被释放或者关闭。在基于进程的多任务环境下，两个或者多个进程可以并发执行。

线程它表示进程中可以并发执行的程序段，它是要执行代码的不可拆散的单位。一个进程必须具有至少一个线程，多个线程可并行地运行于同一个进程中，一个进程内的所有线程都共享进程的虚拟地址空间，因此，可以访问拥有的全局变量和资源。每个线程分成一个时间片，线程一旦激活，就正常运行直到时间片用完，此时操作系统选择另一线程进行运行。

由于一个进程中线程可以并发执行，系统中可独立执行的实体远远多于进程数目，因此，执行效率得以提高。Windows XP中正在运行的任务见图3.13。

对图3.13中的信息，我们要注意的是：系统运行着几个处于目录/Windows/System/下的任务，这些都是Windows系统得以正常运行的最核心的任务，在任何情况下都会被运

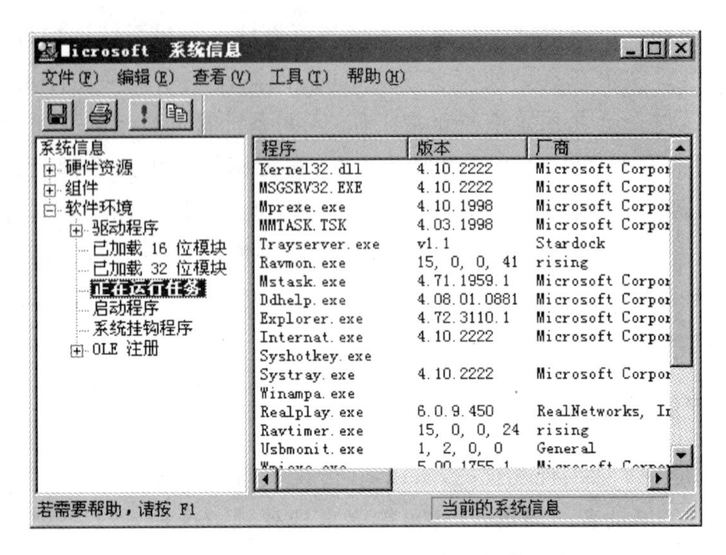

图 3.13 Windows XP 中正在运行的任务

行。而在其他目录下的任务则依赖于用户的调用，只有在用户双击对应的图标时，才会被运行。

针对线程中可能形成的各种关系，以及线程并行对资源的等待可能造成的死锁，Windows XP 支持 4 种类型的同步对象，它们均以信号灯概念作为基础。这 4 种对象是：信号灯，用来实现对资源的共享计数使用；互斥信号灯，用于串行化对一个资源的使用；事件对象，用于封锁对一个资源的访问直到其他某个线程或进程向它发出可以使用该资源的信号为止；临界区对象，通过使用一个临界区对象来将一段代码放入临界区。对信号灯的操作有：创建信号灯，等待信号灯，释放信号灯。

3.8 小　　结

本章引入了描述系统动态行为的进程概念，进程的动态性由运行状态、就绪状态、等待状态 3 种基本状态来说明，状态之间可以相互转化，状态转化靠进程控制原语来实现。进程存在的实体表现为进程控制块以及对应的程序和数据。一个系统中所有的进程控制块可以用表或者队列的形式来组织。若干进程并存免不了形成各种各样的关系，最具代表性的关系是同步和互斥，实现同步可以使用 P、V 操作。进程之间要进行大量的数据通信，可以采用邮件方式。若干进程在系统的调度过程中有可能形成一种导致系统瘫痪的状态，这就是死锁。为了避免死锁，可通过破坏导致死锁的 4 个必要条件之一来实现。在 Windows XP 中，采用了任务、进程、线程等概念来对系统进行描述。

习　题　三

一、选择题

1. 在多进程的系统中，为了保证公共变量的完整性，各进程应互斥进入临界区。所谓临界区是指(　　)。

A. 一个缓冲区　B. 一段数据区　C. 同步机制　D. 一段程序

2. 一个进程是(　　)。

A. 由协处理机执行的一个程序　B. 一个独立的程序加数据集

C. PCB 结构与程序和数据的组合　D. 一个独立的程序

3. 并发进程之间(　　)。

A. 彼此无关　B. 必须同步

C. 必须互斥　D. 可能需要同步或互斥

4. 当(　　)时，进程从执行状态转变为就绪状态。

A. 进程被调度程序选中　B. 时间片到

C. 等待某一事件　D. 等待的事件发生

5. 下面临界区概念论述正确的是(　　)。

A. 临界区是指进程中用于实现进程互斥的那段程序代码

B. 临界区是指进程中用于实现进程同步的那段程序代码

C. 临界区是指进程中用于实现进程通信的那段程序代码

D. 临界区是指进程中用于访问临界资源的那段程序代码

6. 支持多道程序设计的操作系统运行过程中，不断地选择新进程运行来实现 CPU 的共享，但其中(　　)不是引起操作系统选择新进程的直接原因。

A. 运行进程的时间片用完　B. 运行进程出错

C. 运行进程要等待某一事件的发生　D. 有新进程进入就绪状态

7. 在操作系统中，信号量表示资源实体，是一个队列有关的(　　)变量，其值仅能用 P、V 操作来改变。

A. 实型　B. 整型　C. 布尔型　D. 记录型

8. 设有 5 个进程共享一个互斥段，如果最多允许有 3 个进程同时进入互斥段，则所采用的互斥信号量的初值应是(　　)。

A. 5　B. 3　C. 1　D. 0

9. 实现进程间同步和互斥的通信工具为(　　)。

A. P、V 操作　B. 信箱通信　C. 消息缓冲　D. 高级通信

10. 用 P、V 操作可以解决(　　)互斥问题。

A. 某些　B. 一个　C. 一切　D. 大多数

二、填空题

1. 当系统创建一个进程时，系统就为其建立一个(　　　　)，当进程被撤销时就将其回收。

2. 当多个进程等待分配处理机时，系统按一种规定的策略从多个处于(　　　　)状态的进程中选择一个进程，让它占有处理机，被选中的进程就进入了(　　　)状态。

3. 临界区是指(　　　　　　　　)。

4. 在 P、V 操作中，信号量 S 的物理意义是当信号量 S 值大于零时表示(　　　　)；当信号量 S 值小于零时，其绝对值为(　　　　　　)。

5. 用 P、V 操作管理临界区时，任何一个进程在进入临界区之前应调用(　　)操作，在

退出临界区时应调用(　　　)操作。

6. 如果信号量的当前值为－4,则表示系统中在该信号量上有(　　)个等待进程。

7. 进程队列组织,通常采用(　　　)和(　　)的形式。

8. 设有4个进程共享一程序段,而每次最多允许两个进程进入该程序段,则信号量的取值范围可能是(　　　　)。

9. 我们把互斥执行的程序段称为(　　　　)。

10. 一个被创建的进程包括(　　)、(　　　)、(　　　)三部分,且这个进程创建的进程处于(　　　)。

11. 私用信号量是为了实现进程的(　　)而设置的。

12. 每个进程都有生命期,即从(　　)到(　　　)。

13. 进程是一个(　　　)的基本单位,也是一个(　　　)和(　　　)的基本单位。

14. 在利用信号量实现进程互斥时,应将(　　　)置于(　　　)和(　　　)之间。

三、判断题

1. 进程在要求使用某一临界资源时,如果资源正被另一进程所使用,则该进程必须等待;当另一进程使用完并释放后方可使用。这种情况即所谓进程间同步。(　　)

2. P、V操作是操作系统中进程低级通信原语。(　　)

3. 进程是程序执行的动态过程,而程序是进程运行的静态文本。(　　)

4. 进程1与进程2共享变量S1,需要互斥;进程2与进程3共享变量S2,需要互斥;从而进程1与进程3也必须互斥。(　　)

5. 一次仅允许一个进程使用的资源叫临界资源,所以对临界资源是不能实现共享的。(　　)

6. 进程是一个独立的运行单位,也是系统进行资源分配和调度的基本单位。(　　)

7. 程序的并发执行是指同一时刻有两个以上的程序,它们的指令在同一处理器上执行。(　　)

8. 进程由进程控制块和数据集以及对该数据集进行操作的程序段组成。(　　)

9. 并发是并行的不同表述,其原理相同。(　　)

10. 在单处理机上的进程就绪队列和阻塞队列最多都只能有一个。(　　)

11. 程序的并发执行失去了程序的封闭性和再现性,程序和机器执行程序的活动一一对应。(　　)

12. 进程具有并发性,它能与其他进程并发运行。(　　)

13. 某一进程被中断,转去执行中断处理程序;中断处理程序结束后,一定返回到被中断的程序。(　　)

14. 临界区就是对临界资源管理的那段程序。(　　)

15. 进程申请CPU得不到满足时,其状态变为等待状态。(　　)

四、多项选择题

1. 在进程调度状态转换中,(　　　)不会出现。

A. 就绪到运行　　　　B. 运行到阻塞

C. 就绪到阻塞　　　　D. 阻塞到就绪

E. 阻塞到运行

2. 一个进程从运行状态到阻塞状态,其原因可能是( )。

A. 进程调度程序的重新调度

B. 现运行的进程时间片用完

C. 现运行的进程正等待I/O操作的完成

D. 现运行进程的I/O操作已完成

E. 现运行的进程执行了P操作

3. 产生死锁的原因有( )。

A. 竞争资源

B. 进程推进顺序不当

C. 进程使用资源的次序不当

D. 进程逐次请求资源

E. P、V操作安排不当

4. 有关进程的描述中,( )是正确的。

A. 进程执行的相对速度不能由进程本身控制

B. P、V操作是原语操作

C. 利用信号量的P、V操作可以交换大量信息

D. 同步是指并发进程之间存在的一种制约关系

E. 并发进程在访问共享资源时,不可能出现与时间有关的错误

5. 在非剥夺调度方式下,( )必定会引起进程的调度。

A. 一个进程被创建后进入就绪状态

B. 一个进程从运行状态变成等待状态

C. 运行的进程执行结束

D. 一个进程从运行状态变成就绪状态

E. 一个进程从等待状态变成就绪状态

6. 对临界区的访问应遵循( )原则。

A. 空闲让进

B. 忙则等待

C. 有限等待

D. 让权等待

E. 多中选一

五、思考题

1. 进程和线程的主要区别是什么?

2. 试比较进程和程序的区别。

3. 有一单向行驶的公路桥,每次只允许一辆汽车通过。当汽车到桥头时,若桥上无车,便可上桥;否则需等待,直到桥上的汽车下桥为止。若每一辆汽车为一个进程,请用P、V操作编程实现。

4. 用P、V操作实现共享缓冲区buff的合作进程的同步,进程A将信息输入至缓冲区buff,进程B将对缓冲区buff中的信息进行输出。

5. 有N个并发进程,设S是用于互斥的信号灯,其初值S=3,当S=-2时,意味着什么?当S=-2时,执行一个P(S)操作,后果如何?当S=-2时,执行一个V(S)操作,后果如何?当S=0时,又意味着什么?

6. 信号灯可以实现进程的互斥。有两个并发进程 A 和 B，设 S 是用于互斥的信号灯，其初值为 1，如下是用信号灯实现它们的互斥情况描述：

```
进程 A          进程 B
……             ……
P(S);          P(S);
CSA;           CSB;
V(S);          V(S);
……             ……
```

对 A、B 两个进程其信号灯可能取值范围什么？所取值的物理意义又是什么？

7. 三个进程共享四个资源，这些资源的分配与释放只能一次一个。已知每一进程最多需要两个资源，问该系统会发生死锁吗？

第 4 章　存储器管理

【本章导读】 存储器是计算机硬件中用来存放数据和程序的装置，存储器被分为内存和外存两大类。内存(也叫主存)由存储单元组成，可由 CPU 直接存取，被称为工作存储器，用来存放马上要执行的程序和数据；内存的访问速度快但价格贵，容量小。外存(也叫辅存)由存储块所组成，CPU 不能直接访问，是属于非工作存储器，用来存放暂时不需要执行的程序和数据；外存的访问速度慢，但价格便宜，容量大，是内存的后援设备。存储器，尤其是内存，是计算机系统中十分重要的硬件资源。存储器管理也称存储管理，实际上是指内存管理，并不包括系统区。能否合理有效地使用内存资源，在很大程度上影响着整个计算机系统的功能。

4.1　存储管理概述

现代计算机系统的运行机制是基于冯·诺依曼的存储程序原理，即任何一个程序(包括操作系统本身)都必须被装入内存，占有一定的内存空间后才能执行，从而完成程序的特定功能。内存区包括系统区和用户区，系统区包括操作系统程序本身和系统扩展区，用户区包括目态下运行的系统程序和用户程序与数据；外存是大容量的磁盘或磁带等，存放准备运行的程序和数据，当进程要运行时，这些相应的程序和数据必须调入内存才能执行。在多道程序环境下，用户区可以同时存放几道程序，即用户区为多道程序所共享。

存储器管理的主要任务是：内存的分配与回收；地址映射；内存的共享；内存保护；存储扩充。下面来分别介绍一下。

(1) 内存的分配与回收：内存的分配与回收的任务包括记录哪些内存空间在使用，哪些内存空间是空闲的，在进程需要时采用什么样的策略为进程分配存储空间，在进程运行完毕，使用完内存空间时如何释放存储空间等。

(2) 地址映射：通常，用户编写程序都使用逻辑地址，在调入内存执行时，它并不知道占用内存空间的哪个区域，实际与内存区域的哪个物理地址对应，也不知道是连续存放，还是划分成若干块存放在不同区域，或者是在调入内存时就划分好，还是在执行过程中再动态划分等，这就是逻辑地址(相对地址)和物理地址(绝对地址)的转换问题，也叫重定位。

(3) 内存的共享：在多道程序环境下，一方面多个程序各自占用一定的内存空间，共享内存资源；另一方面它们拥有共同的程序段和数据时，也需要共享某些内存区域。

(4) 存储保护：前面我们已经知道，内存中不仅有系统程序，还有若干道用户程序。为了防止用户程序之间的相互干扰，或用户程序的错误导致破坏系统程序等问题，必须对内存中的程序和数据进行保护。通常通过硬件和软件配合实现存储保护。由硬件检查当前是否允许访问，若允许，则执行；否则产生“地址越界”中断，暂停程序的执行，由操作系统去处理。

(5) 内存扩充：当一个大型的程序要执行时，可以先将马上要执行的部分装入内存，暂不执行的部分先存放在磁盘中，当需要执行这一部分程序时，再由操作系统采用覆盖技术将它们调入内存执行。在用户看来，整个程序好像一开始就全部调入内存了一样，用户在编制程序时，不用考虑实际的内存空间是否足够，这就是存储扩充的思想。存储扩充并不是指存储器硬件上的扩充，而是采用相关的存储技术，为用户提供比实际内存更大的内存空间，也就是我们常称的虚拟存储技术。

4.2 地址映射

所谓地址映射，即指逻辑虚地址变换成物理实地址的过程。

4.2.1 逻辑地址

逻辑地址，也叫虚地址或相对地址。我们平时用高级语言或汇编语言编程时，源程序中使用的地址都是符号地址，如：

```
goto Label
call subroutine
```

用户不必关心符号地址 label 或 subroutine 在内存中的物理位置。源程序经过编译或汇编，再经过链接后，形成了一个以 0 地址为起始地址的虚拟空间，每条指令或每个数据单元都在虚拟空间拥有确定的地址，该地址就称为逻辑地址，或称为相对地址。

当内存分配区确定后，就要将虚拟地址变换为内存的物理地址，即地址映射(或称重定位)。

4.2.2 物理地址

物理地址，也叫实地址或绝对地址。所有程序必须装入内存才能执行。内存储器由一个个存储单元组成。一个存储单元可存放若干个二进制的位，8 个二进制位称为一个字节，即 byte。内存中的存储单元按一定顺序进行编号，每一个单元所对应的编号就称为该单元的单元地址。一个单元的单元地址是唯一的，存储在单元里的内容则是可以改变的。在操作系统中，常把单元地址称为内存储器的“绝对地址”或“物理地址”。程序在执行时所占用的存储空间被称为它的内存空间，也叫物理空间。一个物理空间是若干物理地址之集合。

存储管理要实现的目标是：为用户提供方便、安全和充分大的存储空间。这里“方便”就是指将逻辑地址和物理地址分开，用户只在各自的逻辑地址空间编写程序，不必去过问物理空间和物理地址的细节，地址转换由操作系统自动完成。如图 4.1 所示。

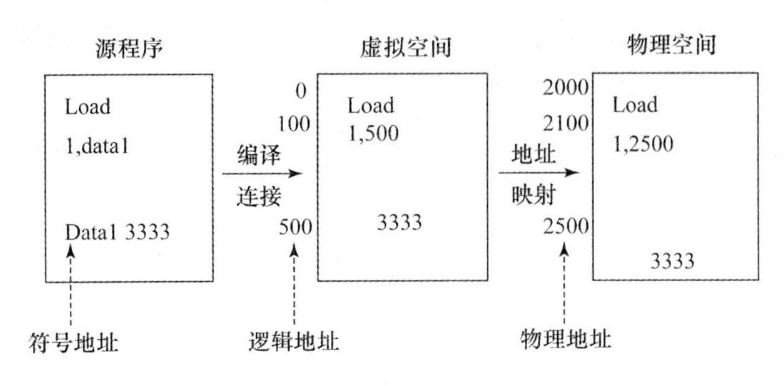

图 4.1　地址转换

4.2.3　地址映射方式

地址映射有两种方式：静态映射和动态映射。

(1) 静态映射：静态映射是在程序装入指定内存区时，由重定位装入程序(软机构)一次性完成的。

假设目标程序分配的内存区起始地址为 A，那么程序中所有逻辑地址(假设为 B)对应的内存空间的物理地址为 A+B。

(2) 动态映射：动态映射是在程序执行过程中进行的，由硬件地址映射机构完成。

动态映射的方法是：设置一个公用的基地址寄存器 BR(Boundary Register)，用来存放现行程序分配的内存空间的起始地址。CPU 以逻辑地址访问内存时，映射机构自动把逻辑地址加上 BR 寄存器中的内容而形成实际的物理地址，然后 CPU 就将按物理地址访问了。

可见，只要改变 BR 的内容，就可改变程序的内存空间，实现程序的再定位，即所谓的内存搬家。所以 BR 也叫重定位寄存器。动态地址映射示意图，如图 4.2 所示。

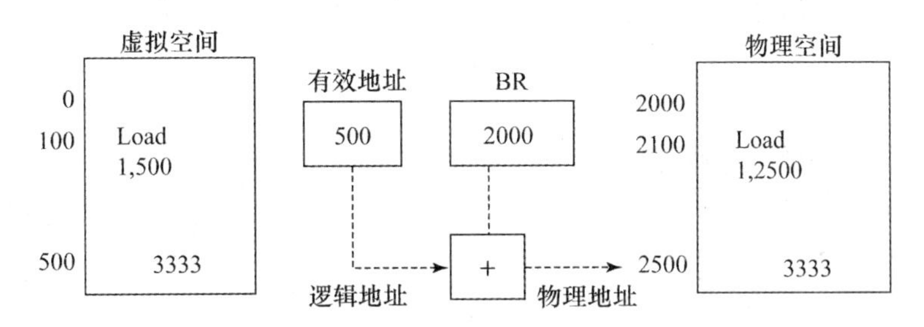

图 4.2　动态地址映射示意图

4.3　连续分配存储管理

连续分配存储管理的基本思想是一个作业的全部内容交到内存的一个连续存储区，作业在执行过程中不会发生内存与外存交换的现象，作业的容量要受到内存实际容量的限制。

4.3.1　单一连续分区存储管理

早期计算机每次只有一个用户使用计算机，无法提及多道程序设计，因而，在此类计算机上运行的操作系统其存储管理都采用单一连续的分配策略。

单一连续分区策略的基本思想是：一个分区固定分配给操作系统使用；另一个分配给用户使用，称为“用户区”。如图 4.3 所示。

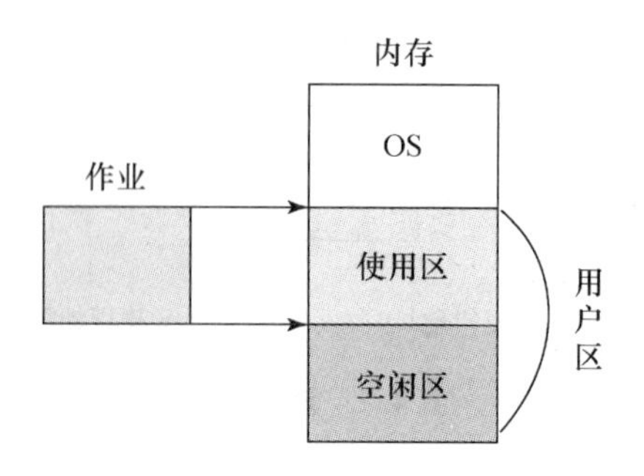

图 4.3　单一分区

从图 4.3 中可以看出，采用单一连续分区存储管理方案的系统有如下优点：

(1) 管理简单。除了分配程序以外，几乎不再需要任何程序来参与管理，因此，系统开销极小。

(2) 使用安全。由于系统中只有一个用户程序，因此，系统遭受到破坏的可能性随之降低，加上用户程序和操作系统之间采用固定分界，很容易在操作系统的程序中加入分界地址以防止用户程序的非法访问。

(3) 不需要任何附加的硬件设备。

单一连续分区存储管理有如下缺点：

(1) 作业的大小受用户区大小的限制。由于作业必须一次性连续存放于内存区域中，比用户区大的作业就无法存放，因此无法运行。

(2) 不支持多用户。

(3) 容易造成系统资源的浪费。系统中一次只能运行一个作业，CPU 的利用率必然受到影响。又由于用户区中只能存放一个作业，即使内存中有较大的剩余空间也不能得到利用。

早期计算机在一定的条件下，可以采用“覆盖”技术，使得大作业在小内存上得以运行。所谓“覆盖”是早期为程序设计人员提供的一种扩充内存的技术，其中心思想是允许一个作业的若干个程序段使用一个存储区，被共用的存储区称为“覆盖区”。不过，这种技术不能彻底解决大作业与小内存的矛盾。

为了让单一连续分区存储管理能具有“多道”的效果，在一定条件下，可以采用所谓的“对换”技术来实现。“对换”的中心思想是：将作业信息都放在辅助存储器上，根据单一连续分区存储管理的分配策略，每次只让其中的一个进入内存运行。当运行中提出输入输出请求或分配的时间片用完时，就把这个程序从内存储器“换出”到辅助存储器，把辅助存储器里的另一个作业“换入”内存储器运行。如图 4.4 所示。

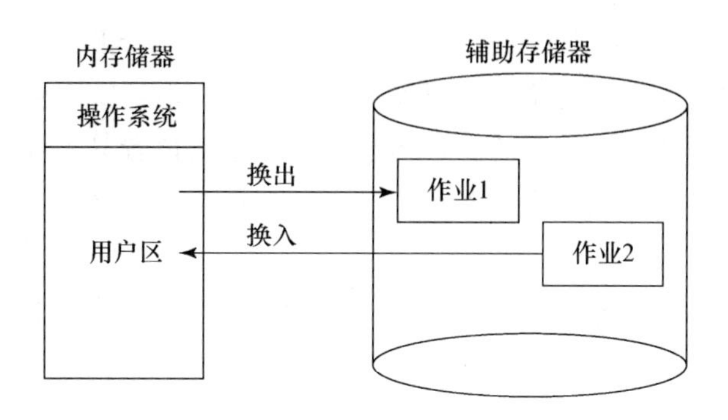

图 4.4　内、外存作业的对换

4.3.2　固定分区存储管理

随着计算机硬件的发展和内存容量的增加，要使系统具有“多道”的模式，最容易让人想到的是把内存分成若干个连续的分区，在每一个分区里装入一个作业，从而实现多个程序的同时运行。

所谓“固定分区”的存储管理，即是指预先把内存储器中可供分配的用户区划分成若干个连续的分区，每个分区尺寸可以相同，也可以不同。划分后，内存储器中分区的个数以及每个分区的尺寸保持不变。每个分区中只装入一个作业运行。

1. 数据结构

采用内存分区表来描述内存中每一个区域的情况，内容包括区域的起始位置、区域的大小、区域的使用状态。采用作业描述存放于区域中的作业，内容包括作业名称、作业占用的区域、区域的起始位置。图 4.5 展示了内存分区表、作业表和内存之间的关系。

内存分区表

区号	大小	起址	状态
0	20K	40K	未分配
1	40K	60K	已分配
2	80K	100K	已分配
3	160K	180K	未分配
4	320K	340K	已分配
…	…	…	…

作业表

作业号	大小	区号
0	55K	2
1	10K	0
2	150K	4
…	…	…

内存

OS
作业1
…
作业0
…
作业2
…

图 4.5　固定分区

2. 分配与释放

由于内存中存在着不止一个自由区，因此分配算法在作业申请内存空间时需要进行选择，可以采用最先适应算法、最佳适应算法和最坏适应算法等方法。

3. 地址映射

由于作业被分配进入内存后位置不再发生变化，因此，地址映射可以采用静态重定位方法。不过我们要注意到每一个作业的物理地址空间的起始位置是不相同的，因此，对每一个作业进行重定位时要修正基地址寄存器值。

4. 存储保护

存储保护可以采用地址寄存器的方法和访问授权保护，不过由于作业被分配于内存的一个连续的区域中，访问授权保护的作用不大，因为作业并没有对其他作业空间进行访问的权力。

5. 优缺点

(1) 提高了 CPU 的利用率。多个作业的并存保证了 CPU 不因为等待某一个作业而停止运行。

(2) 作业大小受到最大分区大小限制。作业仍然需要一次性连续装入，内存中自由分区的总量即使大于作业的大小也可能无法分配。

(3) 空间浪费。如果一个较小的作业占有一个较大的区域，该区域中剩余的空间就被浪费。

(4) 碎片问题。每一个分区都存在一部分不能再利用的空间，这就是碎片。碎片的存在必然使存储器的利用率下降。

4.4 可变分区存储管理

4.4.1 可变分区的概念

可变分区又称为动态分区，这里的“可变”包含两层含义：一是分区的数目随着进入作业的多少可变，一是分区的边界划分随作业的需求可变。

可变分区与固定分区有三点不同。

(1) 分区的建立时刻

可变分区：在系统运行过程中，在作业装入时动态建立。固定分区：系统初启时建立。

(2) 分区的大小

可变分区：根据作业对内存的需求量而分配。固定分区：事先设定，固定不变。

(3) 分区的个数

可变分区：变化不定。固定分区：固定不变。

4.4.2 可变分区分配

1. 基本原理

对于可变分区管理，系统初启时，内存除操作系统区外，其余空间为一个完整的大空闲区。当有作业申请时，则从空闲区划出一个与作业需求量相适应的区域进行分配；作业结束时，收回释放的分区；若与该分区邻接的是空闲区，则合并为一个大的空闲区。随着一系列的分配与回收，内存会形成若干占用区和空闲区交错的布局。

可见，可变分区管理也存在“碎片”问题。解决的办法是：对碎片进行拼接或密集。

注意掌握拼接的时机：(1) 回收某个占用区时；(2) 需要为新作业分配内存空间，但找不到大小合适的空闲区，而所有空闲区总容量却能满足作业需求量时。

通常使用拼接或密集的方法对上述情况进行处理，当然，需要进行重定位，用动态地址映射方法实现。

2. 数据结构

可变分区的分区个数是动态变化的，为了记载内存的使用状态，不能采用固定分区中使用的静态表数据结构。其数据结构包含以下几部分。

(1) 已使用分区表：描述已被分配的区域，内容包括起始位置、区域大小、对应的作业名。

(2) 自由分区表：描述内存中的自由区域，内容包括起始位置及区域大小。

(3) 自由分区链：为每一个自由分区设置一个链接指针来指向下一个自由分区，使所有的自由分区形成一个链表，内容包括链接指针和分区大小。

4.4.3　空闲分区的分配算法

当系统中有多个空闲的存储分区能够满足作业提出的存储请求时，分配哪一个区域进行选择的选择方式称为分配算法。

1. 最先适应算法 IV(如图 4.6(a))。

实行这种分配算法时，总是把最先找到的、满足存储需求的那个空闲分区作为分配对象。这种方案的出发点是尽量减少查找时间，它实现简单，但有可能把大的空闲分区分割成许多小的分区，因此对大作业不利。

2. 最佳适应算法 BF(如图 4.6(b))。

实行这种分配算法时，总是从当前所有空闲区中找出一个能够满足存储需求的、最小的空间分区作为分配的对象。这种方案的出发点是尽可能地不把大的空闲区分割成为小的分区，以保证大作业的需要。但该算法实现起来比较浪费时间。

3. 最坏适应算法 WF(如图 4.6(c))。

实行这种分配算法时，总是从当前所有空闲区中找出一个能够满足存储需求的、最大的空闲分区作为分配对象。从这里可以看出，这种方案的出发点是照顾中、小作业需求。

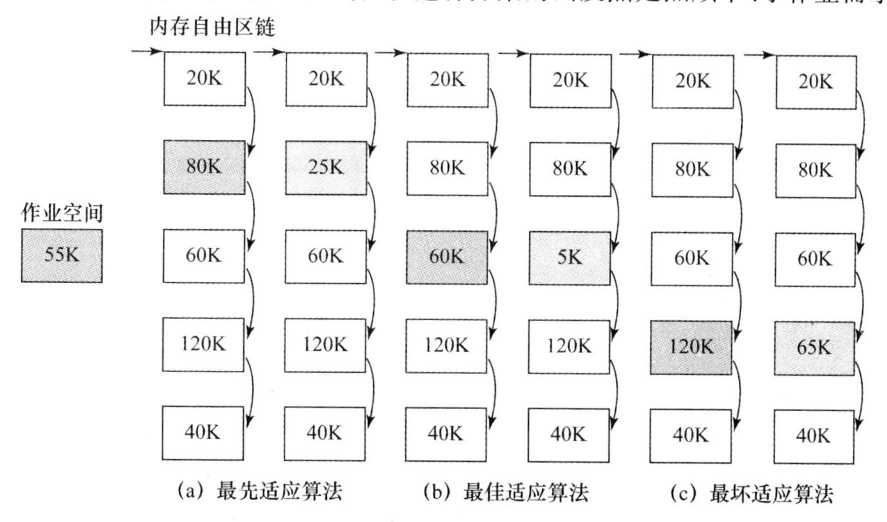

图 4.6　不同分配算法对空间的处理

以上三种算法各有其优缺点，最先适应算法尽量减少查找时间，实现简单，但有可能把大的空闲分区分割成许多小的分区，因此对大作业不利。最佳适应算法尽可能地把大空闲区分割成为小的分区，以保证大作业的需要，实现起来比较费时，麻烦。最坏适应算法优先使用大的自由空间，在进行分割后剩余容量可以被使用，但也使大的自由空间无法保留给需要大空间的作业。

例 1　如图 4.7(a)所示，现在有两个空闲分区，一个是 111～161KB，一个是 231～256KB。作业 D 到达，提出存储需求 20KB。试问：(1) 如果系统实行最先适应算法，应该把哪一个空闲分区分配给它？并将分配后的内存情形用图示出。(2) 如果系统实行最坏适应算法，应该把哪一个空闲分区分配给 D?

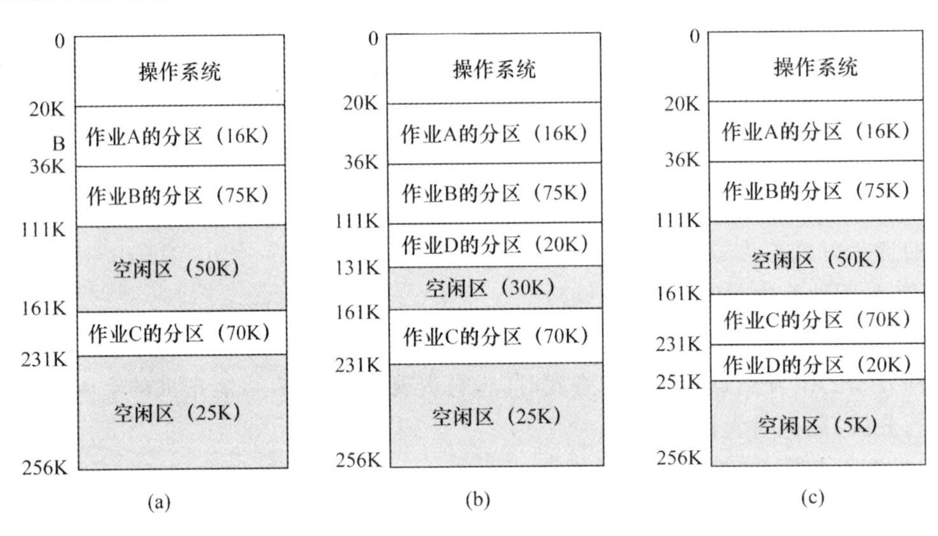

图 4.7　分配算法示例

解：(1) 两个空闲区都能够满足作业 D 的存储请求。至于是分配哪一个，应该由系统采用的空闲区组织方式来决定。如果采用的是依据它的起始地址，找到它在链表中的正确位置，然后调整指针进行插入，那就是说空闲区 111～161KB 排在前面，因此应该将它分配出去。于是，它被一分为二，111～131KB 成为已分配区，131～161KB 仍为空闲区，如图 4.7(b)所示。如果采用的是依据它的尺寸，在链表中找到它的合适位置调整指针进行插入，那么空闲区 231～256KB 排在前面，因此应该将它分配出去。于是，它被一分为二，231～251KB 成为已分配区，251～256KB 仍为空闲区，如图 4.7(c)所示。

(2) 由于最佳适应算法总是从当前所有空闲区中找出一个能够满足存储需求的、最小的空闲分区作为分配的对象，因此由它所选中的分配对象与分区采用的组织方式无关。选中的空闲区 231～256KB，如图 4.7(c)所示。

4.4.4　地址转换与存储保护

按照分区存储管理方法，用户程序被装入到内存的分区中时，运行程序的起始位置位于分区的开始，用户程序中的所有地址都成为相对于内存分区起始地址的地址了。所以，在进行地址映射时，只要将内存分区的起始地址送入基址寄存器 BR 中，在形成物理地址 PA 时，只要将逻辑地址 LA 值与 BR 内容相加，就可以得到内存空间的物理地址。不过，在形成物理地址 PA 之前，应把逻辑地址 LA 同分区的大小 LR 进行比较，看它是否超出分区的范围，若超出，则发出地址越界中断，交系统或用户处理，整个转换过程如图 4.8 所示。

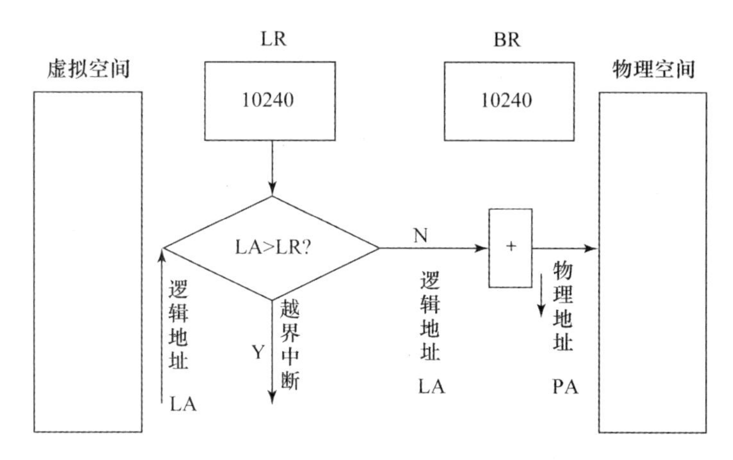

图 4.8　地址转换与存储保护

例 4-2　如图 4.8，若限长寄存器 LR 的值为 10240，基址寄存器 BR 的值为 30000，则逻辑地址 LA 分别为 2048 和 20000 时，对应的物理地址是多少？试说明地址转换的过程。

【分析】

程序执行时，真正访问的内存地址（物理地址）是逻辑地址（相对地址）与基址寄存器（重定位寄存器）中的地址相加而形成的。为了实现对分区的保护，系统采用界限寄存器法（设置两个寄存器：基址寄存器 BR 和限长寄存器 LR）存储保护。

在地址转换之前，先比较逻辑地址 LA 是否大于限长寄存器，如果 LA＞LR，则地址越界，将产生保护性越界中断；否则，逻辑地址 LA 与基址寄存器 BR 内容相加，形成物理地址 PA，从而实现了地址的转换和分区的保护。

已知 LR＝10240，BR＝30000，则：

(1) LA＝2048 时，LA＜LR，地址没有越界，PA＝LA＋BR＝32048。

(2) LA＝20000 时，LA＞LR，地址超出分区范围，产生地址越界中断。

4.4.5　可变分区存储管理的特点

可变分区存储管理的优点：

(1) 实现了多道程序共享内存；

(2) 提高了 CPU 的利用率；

(3) 管理算法简单，易于实现。

可变分区存储管理的缺点：

(1) 存在难以避免的内存碎片问题；

(2) 造成内存空间的浪费；

(3) 降低了内存的利用率。

4.5 覆盖与交换

按分区存储管理方案，如果一个作业的存储容量大于内存的可用空间，该作业就无法运行。覆盖和交换技术，就是用来解决在较小的存储空间中运行大作业时遇到的矛盾。它们都是内存扩充技术，通常和固定分区和可变分区等存储管理技术配合使用。交换技术的发展导致了虚拟存储技术的出现。

4.5.1 覆盖(overlay)

同一内存分区可以被不同的程序段重复使用，这些相对独立的程序段可以属于同一作业，也可以分属于不同作业。只要一个程序段不再需要某个分区，另一个程序段就可以占用它的内存区位置。

通常我们把可以在它上面进行覆盖的内存区，叫做"覆盖区"，而可以相互覆盖的程序段叫"覆盖"。我们需要了解覆盖技术的原理，要解决的关键问题，覆盖技术的主要特点等。

作业装入内存运行后，可由操作系统完成自动覆盖，但要求作业各模块间有明确的调用结构，并要求用户向系统提供其覆盖结构，并做出正确的描述，这无疑增加了用户的负担。

运用覆盖技术后，我们不必将一个程序的所有信息装入内存后再执行，利用程序段的独立性和相互间的调用关系进行相互覆盖，逻辑地扩充了内存空间，从而在内存容量不够时，也能实现大型程序的运行。目前，主要将这一技术用于小型系统中的系统程序的内存管理上，因为系统程序的覆盖结构对系统软件设计者而言是已知的。

4.5.2 交换(swapping)

所谓交换是允许把一个作业装入内存之后，仍然能够把它换出内存(swapping out)或再换入内存(swapping in)，即指在内存与外存之间交换程序和数据。换出的作业通常暂时存放在外存中，当需要把它再投入运行时，才把它换入内存。

交换技术是根据系统资源情况，包括内存的使用情况来控制各作业的调入与调出。当前正在运行的作业在用完CPU时间片，或因I/O请求被阻塞时，就可以换到外存上，而把外存上准备运行的作业调入。这种技术可使系统资源的利用更为充分有效，广泛应用于小型分时系统。

交换技术一般都有动态地址映射机构的支持，因而一个作业换入内存时不一定要装入它被换出前所占据的分区中。

与覆盖技术相比，交换技术的交换过程对用户是透明的；而覆盖技术要求用户向系统明确指明其程序的覆盖结构，对用户而言是不透明的。不过交换技术需要较多的软件支持，属于处理器调度的中级调度。

4.6 分页存储管理

前面我们学习的分区存储管理要求对每一个作业都分配一组地址连续的内存空间，这种存储分配连续性要求导致了一系列问题。

(1) 当不存在能满足作业需求量的连续区时，即使空闲空间总量大于作业需求量，也不能进行分配，作业大小仍受分区大小的限制。

(2) 导致了内存碎片问题，使得内存利用率不高。

(3) 内存碎片的拼接要耗费大量的 CPU 时间。

(4) 各个作业对应于不同的分区，不利于程序段和数据的共享。

分页存储管理取消了存储分配连续性要求，使得一个作业的地址空间在内存中可以是若干个不一定连续的区域。有效地解决了碎片问题，可以充分利用内存空间，提高内存利用率。

分页存储管理分为：

(1) 静态分页存储管理(简单分页存储管理)。

(2) 动态分页存储管理(请求分页存储管理)。

4.6.1 实现原理

分页存储管理方案中，系统将作业的地址空间(虚拟空间)划分成若干个大小相等的块，称之为“页”，对所有的页从 0 开始依次编号，称之为相对页号，作业的逻辑地址 LA 可以用页号 p 和页内地址 d 表示。与此相对应，系统将内存空间也划分成与页大小相同的若干块，称之为“块”。内存物理地址 PA 可以用块号 b 和页内地址 d 表示。

系统以“页”为单位给作业分配“块”，块之间可以是不连续的，即作业的内存空间可以是非连续空间。如图 4.9 所示。某作业由 3 页组成，内存空间按页的大小分成若干块，该作业分别占用内存的块 2、块 0 和块 m，作业的内存空间分配是非连续的。

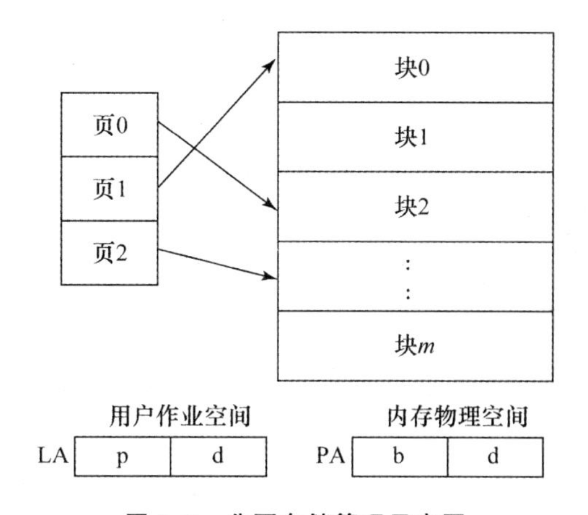

图 4.9　分页存储管理示意图

若内存空间容量为 2^s，页长为 2^r，则内存共划分成 $m=2^{s-r}$ 块，也从 0 开始编号，称之为块号，即绝对块号。

用户作业的页面和内存物理空间的块都是连续顺序编号的，但作业装入到内存中却可以不连续。那么如何实现作业的逻辑地址到物理地址的映射呢?

当用户访问内存时，系统应将相对页号转换成绝对块号，而页内地址不变，这样就可得出访问内存的物理地址。

具体实现是以数据结构为基础的。

4.6.2 存储分配

作业的逻辑地址到物理地址的映射以数据结构为基础。通常可以直接映射或利用块表进行地址映射。

直接映射。设置页映射表 PMT,简称为页表(页表内容为内存块号),设置页表控制寄存器 PTCR(包含页表长度 ts 和页表基地址 ta),如图 4.10 所示。

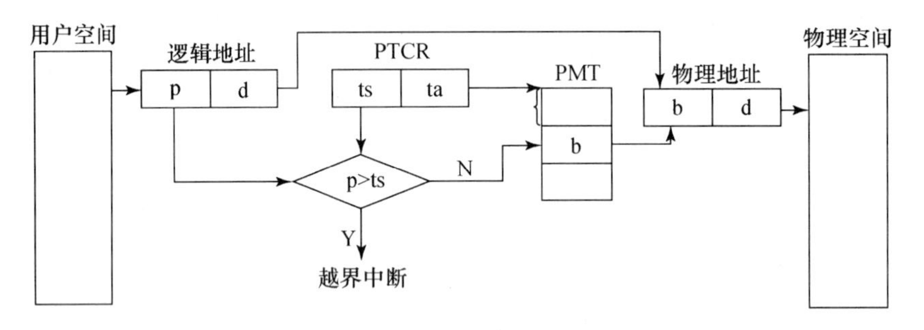

图 4.10 分页存储管理的地址转换与存储保护

利用块表的地址映射。在页表的基础上,增加一个块表(块表内容为页号、块号、访问值以及状态),如图 4.11 所示。

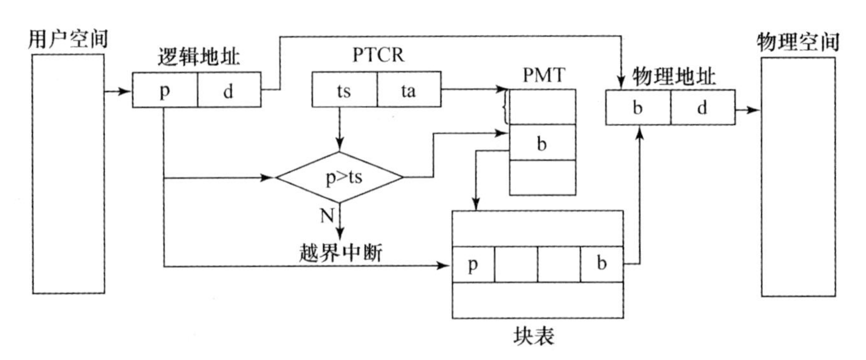

图 4.11 利用块表的分页存储管理

要特别注意分页存储管理的存储保护问题,它是通过页表控制寄存器 PTCR 对页号进行越界检查而实现的。页表控制寄存器包括页表长度 ts 和页表起始地址 ta。

在访问某页 p 前,先进行页号越界检查,若 p>ts,则产生越界中断。

4.6.3 碎片概念

分页存储管理中,内存的分配以物理块为单位,作业装入时一个页面对应于一个内存块,当一个作业的最后一页不满时,它们占有一个物理块,不满的部分就构成了“内碎片”。内碎片的大小必定小于内存块的长度,平均每个作业的内存空间的内碎片量为半个块长。所以内碎片量是有限的,而各作业之间不存在“外碎片”,所以分页存储管理不需要“拼接”碎片,它有效地解决了内存碎片问题。

分页存储管理中,与碎片量有关的因素有:

(1) 块或页的大小(如:块长取 1024 字、512 字或 128 字等,通常有取小的趋势)。

(2) 内存中同时运行的作业数 J(如 J=100)。

从连续分配方式向离散分配方式的迈进是目前大型机操作系统中被广泛采用的一种存储管理方案。

分页存储管理的优点:

(1) 有效地解决了内存碎片问题。

(2) 提高了 CPU 和内存的利用率。

分页存储管理的缺点:

(1) 作业地址空间受到内存实际容量的限制。

(2) 增加了系统的时间和存储空间的开销。

分页存储管理不要求作业在内存中连续存放,从而可以充分利用内存的每一块,有可能让更多的作业同时投入运行,CPU 和内存的利用率提高了。但分页存储管理是静态分配,要求作业必须一次全部装入内存,当作业要求的存储空间大于当前可用存储空间时,作业只好等待。在分页存储管理中,对每个作业要建立和管理相应的页表,另外实现动态地址映射必须增加硬件,如 PTCR,这就增加了系统的时空开销。

4.7 分段存储管理

无论是分区存储管理,还是分页存储管理,对用户提供的都是一维的线性地址空间,即作业的地址均是从 0 开始顺序编址的,这难以满足作业按其逻辑结构划分的需求,难以解决信息共享和保护等问题。

4.7.1 分段引入

实际上,每个作业的地址空间都有一定的逻辑关系,如一个作业由若干程序模块组成,可划分为主程序、子程序和各种数据结构(数组、堆栈、文件等)等,因此,若按各个逻辑结构来申请作业的地址空间并进行管理,则非常便于结构化程序设计。

为了更有效地利用存储空间,又能发挥用户的作用,采用分段存储管理便是一种良好的方法。

分段存储管理的基本思想是:将作业按逻辑上有完整意义的段划分,每段有自己的名字,以段为单位分配内存并进行内、外存的交换。同样,分段存储管理也有静态分段和动态分段之分。

4.7.2 实现原理

1. 作业地址空间和地址结构

分段存储管理的每个作业地址空间是有逻辑结构的,由若干个具有逻辑意义的段(segment)组成。每个段都有自己的段名(经编译或汇编后翻译成段号),段的长度由相应的逻辑信息的长度决定(段的长度可以不等)。每个段从 0 开始顺序编址,是一维的线性空间,而作业的地址空间是二维的,地址结构由段号和段内相对地址(s,d)组成。

2. 存储管理和段表

分段存储管理以段为单位进行内存分配，每段分配一个连续的内存区，各段之间的内存区不一定连续，且各个内存区也不一定等长。内存的分配和释放是随需要动态进行的。系统为每一个运行作业建立了一个段表 SMT，包括段长 ss 和内存起始地址 b 两项。还设置了一个公共的段表控制寄存器 STCR，包含有段表内存地址 ta 及段表长 ts，如图 4.12 所示。

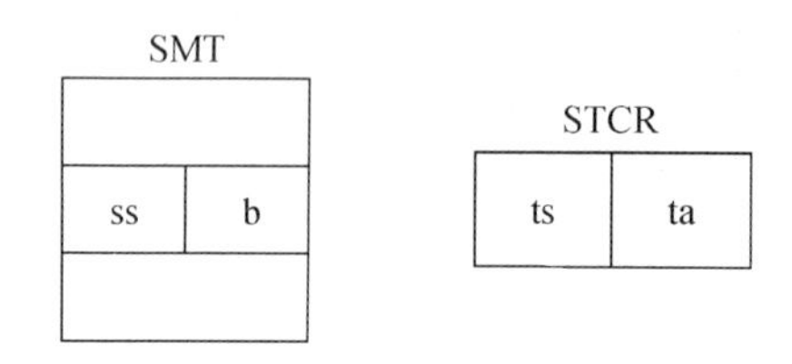

图 4.12 段表与段表控制寄存器

3. 地址变换过程

每当访问逻辑地址(s，d)时，系统自动比较段号 s 和段表长 ts，若 s>ts，则发出越界中断；否则，根据段号 s 和段表内存地址 ta，找到段 s 所在段表中的相应表目；检查段内位移 d 和段长 ss，若 d>ss，则同样发出越界中断；否则，找到段 s 对应的内存起始地址 b，加上段内偏移 d，形成物理地址，如图 4.13 所示。与分页存储管理一样，分段存储管理也可利用块表进行地址映射。

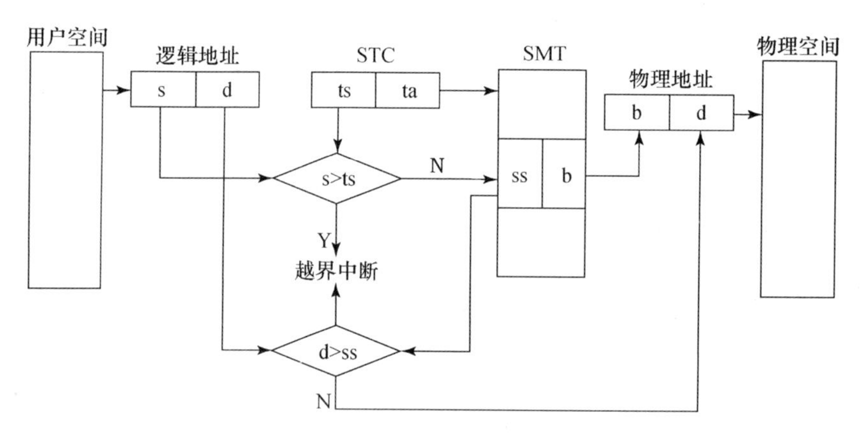

图 4.13 分段存储管理地址转换过程

从分段存储管理方案中，将二维作业地址空间转换成物理地址的过程，不难看出，分段存储管理实际上是可变分区存储管理的扩展，分配策略同样可采用 IV、BF 及 WF 算法。

4.7.3 分段与可变分区的区别

(1) 可变分区存储管理。以作业为单位分配一个连续区域。

(2) 分段存储管理。以段为单位分配分区，各段散布于互不连续的分区内(以满足作业总容量为前提)。

4.7.4 分段与分页的区别

(1) 段是信息的逻辑单位，而页是信息的物理单位，分段对用户是可见的，分页对用户是不可见的，段面向使用，页面向管理。

(2) 页大小固定，由系统决定；段大小不固定，由用户决定。

(3) 分页中逻辑地址分解为页号和页内位移由机器硬件决定；分段中逻辑地址定义成段号和段内位移由用户决定。

(4) 分页中，页内位移没有地址越界问题；分段中，段内位移存在地址越界问题。

(5) 分页的地址空间是一维的；分段的地址空间是二维的。

4.7.5　分段存储管理的特点

分段存储管理的优点：

(1) 允许段长动态增长。

(2) 便于实现段的共享和保护。

(3) 便于实现动态链接。

分段存储管理的缺点：

(1) 段的长度受内存可用区大小的限制。

(2) 增加了系统的复杂性(段长不等，管理不便，段的共享、表格、栏目增多，系统开销大)。

4.8　段页式存储管理

一方面，分段存储管理着眼于方便用户，为用户提供二维地址空间，反映了程序的逻辑结构，并且有利于段的共享和保护。另一方面，分页存储管理以提高内存利用率为动力，有效地克服了碎片。因此，将分段和分页两种存储管理结合起来，进行优势互补，无疑朝既方便用户又提高内存利用率的存储管理目标又跨进了一大步，这就是段页式存储管理。

4.8.1　实现原理

作业的地址空间按逻辑意义分段，是二维空间(s,d)；每个段再划分成若干大小相同的页，其地址结构为(s,p,w)，演变成三维空间。程序员可见的仍是段号和段内位移，地址变换机构自动将段内位移的前几位解释为段内页号，将剩余几位解释为页内相对地址。

作业的地址空间最小单位不是段而是页，内存可以按页划分，并按页为单位装入，这样，一个段可以装入到若干个不连续的页内，段的大小不再受内存可用空间的限制。

4.8.2　数据结构

系统为每个作业建立一张段表 SMT，每个段建立一张页表 PMT。段表包括页表始址 pta 和页表长度 pts。页表包括与页号 p 对应的内存块号 b。此外，系统还设置了一个内存分块表 MBT，包括占用者号和页号，如图 4.14 所示。

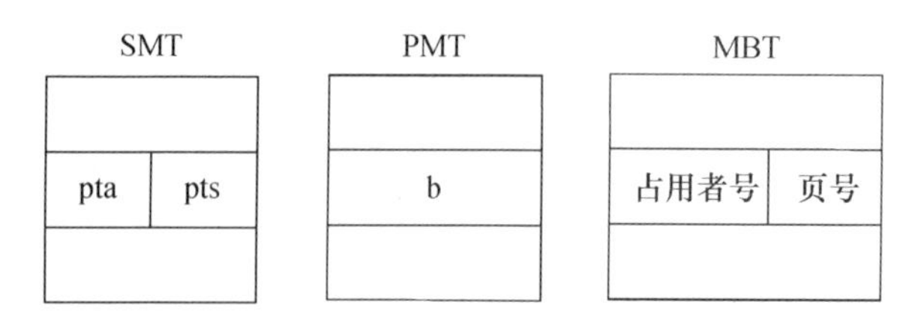

图 4.14 段表、页表与内存分配表

4.8.3 地址映射

段页式存储管理的地址映射与存储保护过程如图 4.15 所示。

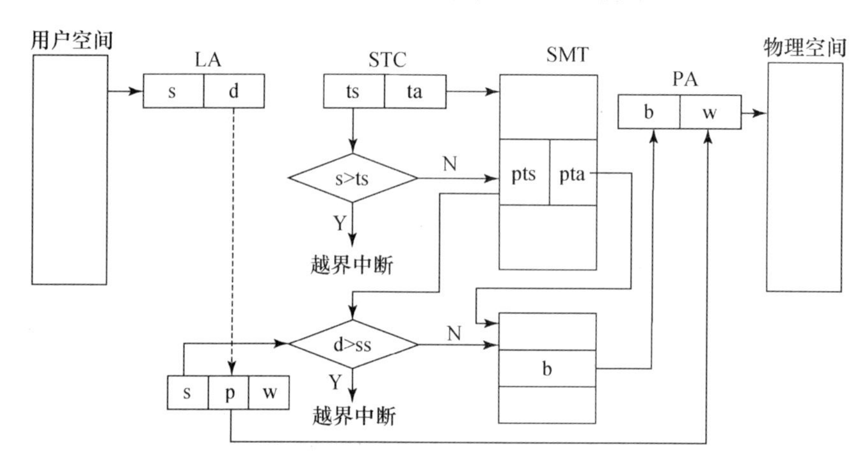

图 4.15 段页式存储管理的地址映射与存储保护过程

段页式存储管理是一种理想的存储管理方案。既方便了用户又有效利用了内存。缺点是增加了软、硬件的开销，使操作系统更为复杂。

通常段页式存储管理应用于大中型计算机系统和 32 位的微机系统中。

4.9 虚拟存储器管理

与虚拟存储器管理相对的是实存管理，是具有整体性、驻留性及连续性三种特性的存储器管理方法。我们学习过的无论是分区存储管理、分页存储管理、分段存储管理，还是段页式存储管理，都属于实存管理。实存管理有以下特性。

(1) 整体性，指一个作业的全部实体在执行之前必须被整个地装入内存，也就是说，如果一个作业的逻辑地址空间大于内存的用户区时就不能执行。

(2) 驻留性，指作业一旦进入内存便一直驻留在内存区直到运行完毕。

(3) 连续性，是指给作业分配的一片连续的内存空间。

整体性、驻留性及连续性这三种特性不利于内存空间的有效利用。

4.9.1 基本概念

虚拟存储器(virtual memory)简称虚存，是指对内存的虚拟，一种实际并不存在的内存空间,包括一级存储器概念和作业地址空间概念。虚拟并不是无限的,取决于机器的CPU地址结构,虚存容量不能大于外存容量。

虚存管理的基本思想是局部性、交换性和离散性。

(1) 局部性又表现为时间局部性和空间局部性。时间局部性是指一旦内存的某个位置被访问了,那么它往往很快会再次被访问。典型的例子是程序的循环结构。空间局部性是指一旦内存的某个位置被访问了,那么其邻近的位置也有可能很快被访问。典型的例子是程序的顺序执行。

(2) 交换性是虚存管理的主要技术,即"部分装入"和"部分对换"。在一个作业运行前,并不将全部实体整个装入内存,只装入主要部分,其他部分根据作业运行情况再逐步装入;对暂不执行的部分还可临时"换出"(swapping out),视作业运行需要再次"换入"(swapping in)。

在部分装入和部分对换技术支持下,虚存管理把物理上分开编址的二级存储器——内存和外存,变成面向用户的、逻辑上可以统一编址的虚拟存储器。

(3) 离散性是指作业所占据的内存空间可不必完全连续,往往只是局部或分段连续。

根据虚存管理的局部性、交换性和离散性的特点,产生了相应的虚存管理的策略。

(1) 调入策略。解决什么时候将所需的实体装入内存和需要将哪些实体装入的问题。

(2) 分配策略。决定将调入的实体放置在内存的什么位置,可采用FF、BF或WF算法。

(3) 淘汰策略。当内存可用空间不够装下需要调入的实体时,决定换出哪些信息。

要实现虚存管理,必须以非连续的存储管理方法为基础。分页存储管理、分段存储管理和段页式存储管理与虚存技术的结合分别称为请求分页存储管理、请求分段存储管理和请求段页式存储管理。下面我们只学习请求分页存储管理的实现原理,请求分段存储管理和请求段页式存储管理的实现方法与之类似。

4.9.2 请求分页存储管理

请求分页存储管理是动态分页存储管理,是在静态分页存储管理基础上发展而来的。在简单分页存储管理中,如果作业所要求的页面数比内存空闲的块数多,则该作业不能装入运行。在虚拟存储器技术的支持下,可以进行请求分页存储管理。

那么请求分页存储管理的基本思想是什么?作业要访问的页面不在内存时,该如何处理?如何知道哪些页面在内存,哪些不在?如何决定把作业的哪些页面留在内存中?将虚页调入内存时,没有空闲块又怎么处理?

在虚拟存储系统中,将对逻辑空间和物理空间的考虑截然分开,逻辑空间的容量由系统提供的有效地址长度决定。例如:32位的计算机系统,寻址单位为字节(Byte),逻辑空间的大小就是2^{32}个字节。而物理空间的大小与其并无直接关系,物理空间可能只有2^{16}个字节。但是用户看到的却是2^{32}个字节大小的空间,用户在这个虚拟的空间上编制程序,所以逻辑空间被称为虚存空间。

请求分页存储管理就能实现这种虚存空间,基本方法是在分页存储管理的基础上,在作业开始执行前,只装入作业的一部分页面到内存,其他的页面在作业执行过程中根据需要，动态地从辅存装入内存。当内存块已经占满时，再根据某种策略交换出部分页面到辅存。

根据作业的执行情况装入作业的部分实体，显然节省了内存空间。

请求分页存储管理和分页存储管理的数据结构、地址映射和存储保护、存储分配与回收等都类似，但请求分页存储管理的实现过程复杂很多，需要由硬件和软件的相互配合才能完成。

1. 请求调入及缺页中断处理

页表的结构如图 4.16 所示，缺页中断处理部分由软件执行，如图 4.17 所示。

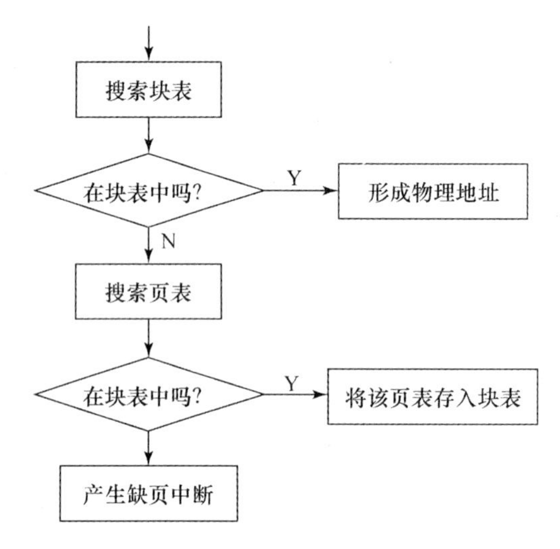

图 4.16 地址映射流程图

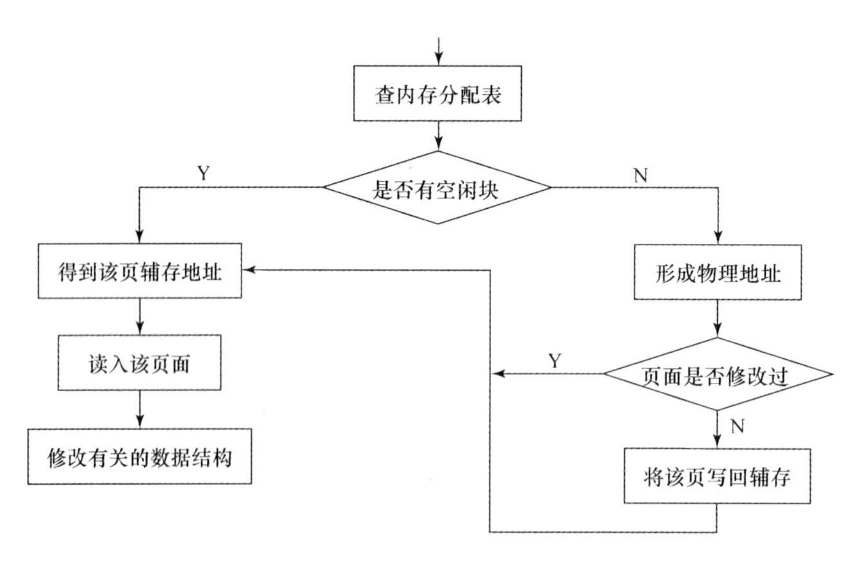

图 4.17 缺页中断处理

2. 淘汰算法

请求分页存储管理中设计和选择淘汰算法要考虑以下问题。

(1) 采用广义淘汰方式还是狭义淘汰方式？

(2) 如何确定淘汰哪一页？

对于不同类型的作业，从不同的角度，有许多不同的淘汰算法被提出来，目前常用的是：

(1) 先进先出算法(First In First Out,FIFO);

(2) 最近最少使用算法(Least Recently Used,LRU);

(3) 最近最不常用算法(Least Frequently Used,LFU);

(4) 最近未使用算法(Not Used Recently,NUR);

● FIFO 算法

FIFO 算法是一种最简单的算法,当需要选择某个页面淘汰时,首先淘汰在内存中驻留时间最长的页面。

基本方法:为调入内存的每一页以递增方式标明调入的次序,淘汰时,先选择次序值最小的那一页,或建立一个先进先出队列,淘汰时,选择队首页面。

FIFO 算法的理由不是普遍成立的,因为内存驻留时间长的页面,往往被经常访问,若将它淘汰,则又有可能马上要调回内存。另外,FIFO 算法存在异常现象(Belady 异常):分配给作业的内存块(也称实页)越多,反而在进程执行时发生缺页中断的概率越高。

例 4-3　某作业在执行中,按下列页号依次存取:0、1、2、3、0、1、4、0、1、2、3、4。若作业固定占用 3 个内存块(实页数为 3),并且第 0 页已经装入内存,按照 FIFO 算法,分析产生缺页中断的次数。如果给作业分配的实页数固定为 4 页,则缺页中断的次数是多少?

【分析】

作业固定占用 3 个内存块的情形,如图 4.18 所示,产生 8 次缺页中断。

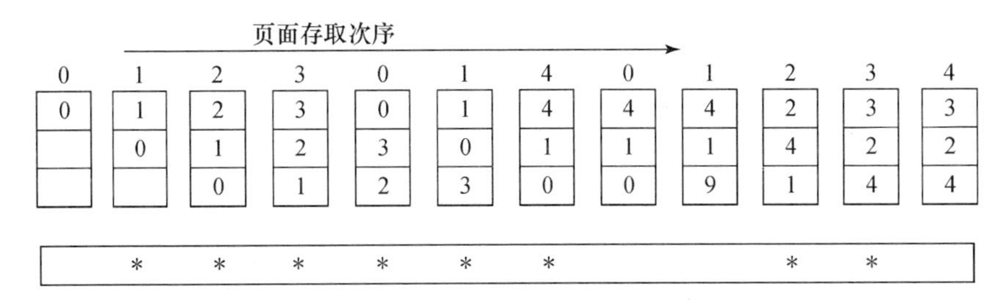

图 4.18　作业固定占用 3 个内存块的情形

而作业固定占用 4 个内存块的情形,如图 4.19 所示,产生 9 次缺页中断。

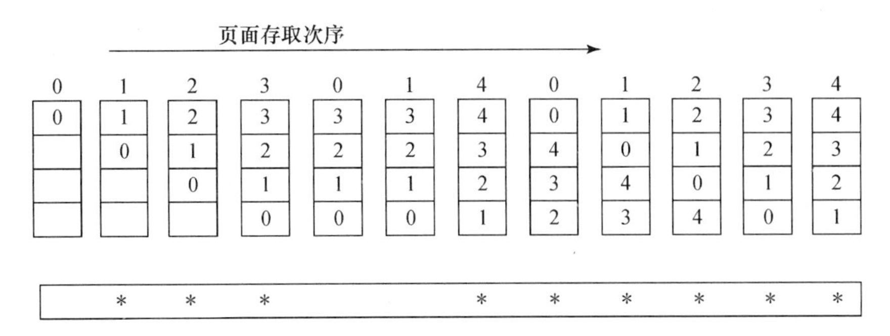

图 4.19　作业固定占用 4 个内存块的情形

按道理,给作业分配的实页数越多,产生缺页中断的次数应该越少,但是采用 FIFO 算法有时会发生这种反常,这就是我们常称的 Belady 异常,或称"FIFO 异常现象"。

一般地,对于没有 Belady 异常的淘汰策略,随着分配给作业的实页数的增多,其缺页中断的次数一定减少;而对于具有 Belady 异常的策略而言,有时会随着分配给作业的实页数的增多,其缺页中断的次数反而增加,如图 4.18 与图 4.19 所示。

- LRU 算法

LRU 算法叫最近最少使用算法。基本思想是淘汰最近一段时间里未被使用时间最长的页面,这是典型的用最近的过去来估计最近的将来的情形。

- LFU 算法

LFU 叫最近最不常用算法,是 LRU 的一种近似算法。基本思想是淘汰最近一段时间内访问次数最少的页。

LRU 和 LFU 算法实现都较困难。

通常采用的方法有:计数器法,访问寄存器法。其中计数器法比较简单,方法是为每一个页面设置几个计数器,每当访问该页面时对应的计数器加 1。操作系统确定一个周期时间值,在一个周期内,如果没有发生缺页中断,则将所有的计数器清 0,开始一个新的周期的计数;如果发生了缺页中断,则选择计数器数值最小的那个页面淘汰,即将最近一段时间内最不常用的页面调出内存,同时将所有的计数器清 0。计数器法的困难是如何正确地决定一个合适的时间周期。访问寄存器法是设置若干公共的寄存器,称为访问寄存器,以记录现行作业进程访问页面的情况。假设分配作业的实页数为 m,则需要设置 m 个寄存器,寄存器的位数由时间间隔的个数决定。

当作业执行过程中要访问某个页面时,便将该页面的访问寄存器的最高位置为 1,每隔一定的时间间隔,将所有访问寄存器右移一位。这样,当需要淘汰某个页面时,LRU 算法是选择相应的访问寄存器的数值最小的页面淘汰,LFU 算法是选择相应的访问寄存器中各个位的数值之和为最小的页面淘汰。

例 4-3 假定分配给某作业进程的实页数是 6 页,在 1～8 个时间间隔内实页访问情况如表 4.1 所示,试分析采用 LRU 算法,该淘汰哪个页面?若采用 LFU 算法呢?

表 4.1 实页在 1～8 个时间间隔内的访问情况表

寄存器的位数实页	7	6	5	4	3	2	1	0
1	0	1	0	1	0	0	1	0
2	1	0	1	0	1	1	0	0
3	0	0	0	0	0	1	0	0
4	0	1	1	0	1	0	1	1
5	1	1	0	1	0	1	1	0
6	0	0	0	0	0	0	1	1

【分析】

观察表 4.1,分配给该作业进程的实页数是 6 页,记录了在 1～8 个时间间隔内实页访问情况,所以要设置 6 个 8 位的访问寄存器。

记录 6 个实页访问情况的寄存器的值分别如图 4.20 所示:其中,记录实页 6 的访问寄存器的值为最小;记录实页 3 的访问寄存器的各位之和为最小。所以,按 LRU 算法,应该淘汰第 6 页;按 LFU 算法,则淘汰第 3 页。按这种访问寄存器方案,可以缩短时间间隔,以提高精确度,但又增加了系统开销。

实页 1	0	1	0	1	0	0	1	0
实页 2	1	0	1	0	1	1	0	0
实页 3	0	0	0	0	0	1	0	0
实页 4	0	1	1	0	1	0	1	1
实页 5	1	1	0	1	0	1	1	0
实页 6	0	0	0	0	0	0	1	1

图 4.20　实页访问寄存器的值

- NUR 算法

NUR 算法是最为流行、低开销的 LRU 近似算法，叫最近未使用算法。基本思想是最近一段时间内未使用过的页，在最近的将来也不大可能被使用，故可淘汰它。基本方法是为每个实页增加两个硬件位：引用位和修改位，标明此页被访问否和被修改否。开始时，所有页面的引用位、修改位均置为 0，若某页面被访问过，则引用位置为 1；若某页面被修改过，则修改位置为 1，在淘汰该页面时，必须将该页面写回外存。

每页可分类为：

第 1 类——未引用，未修改。

第 2 类——未引用，但修改过。

第 3 类——引用过，但未修改过。

第 4 类——引用过，也修改过。

淘汰时，先选择第 1 类实页淘汰，然后依次选择第 2 类、第 3 类和第 4 类。

注意：要避免某一时刻大多数实页的引用位都为 1。方法是周期性置引用位为 0，当然周期值不能太大，也不能太小，否则可能引用位均为 1 或均为 0，就难以确定哪一页是最近未使用的页了。

如表 4.2 所示为各淘汰算法的优劣比较。

表 4.2　各淘汰算法的优劣比较

算　法	基本思想	特　点
FIFO	先进先出先淘汰	简单，但效率不高
LRU	最近最少使用先淘汰	实用，但实现困难
LFU	最近最不常用先淘汰	实用，但实现困难
NUR	最近未使用先淘汰	实用，且开销低

3. 抖动与工作集

通过前面的学习我们已经知道，当内存空间已装满而又要调入新页时，会发生缺页中断，这就必须按某种策略把内存中的某些页淘汰出去，如果被淘汰的页被修改过，还要将该页写回到辅存，从辅存中换进新的页面。

如果每个用户作业装入内存的部分太少，再加上页面调度的策略设计不当，那么就会出现如下情况：

刚被淘汰出去的一页，时隔不久又要访问它，因而又要将它调入，调入不久又再次被淘汰，再访问，再调入，如此反复，使得整个系统的页面调进调出工作非常频繁，以致大部分时间都用来在来回进行页面调度上，只有少部分时间用于作业的实际计算，这种现象称为“抖动”或“颠簸”。

抖动使整个系统的效率大大下降，甚至使系统趋于崩溃，系统必须立即采取措施加以排除才行。

问题是抖动的发生与什么因素有关？如何才能防止抖动的发生呢？抖动的发生与内存中并发的用户进程数和系统分配给每个进程的实页数有关。防止抖动的发生，根本的方法是控制用户进程的个数和给进程分配合适的实页个数。

关于用户进程数与CPU利用率的关系，如图4.21所示。

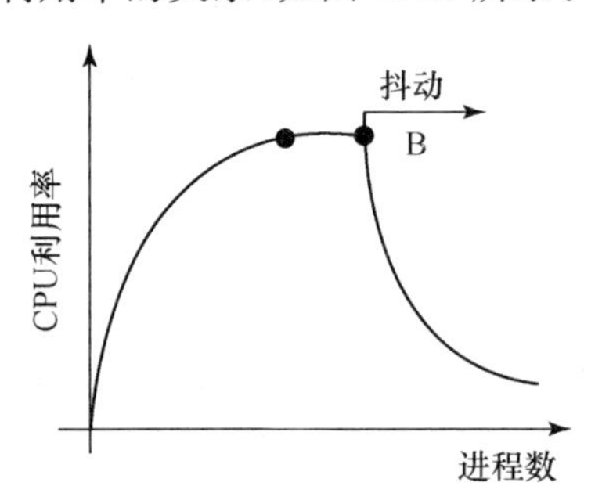

图4.21 CPU利用率曲线图

关于进程的实页数与缺页率的关系如图4.22所示，合理的用户进程数是能满足进程的页数介于P_i、P_j之间。

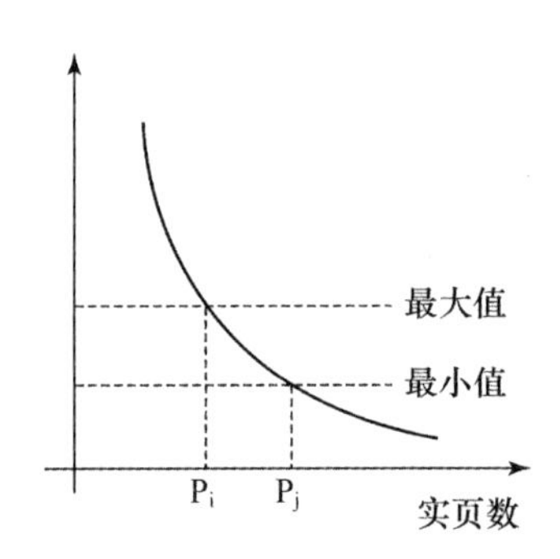

图4.22 进程的缺页率曲线图

如何保证每个进程有足够的内存空间，又使得用户进程数接近最佳值，从而使得CPU利用率接近最佳呢？

工作集(Working Set，WS)的概念被提出来解决这些问题。

所谓工作集是指进程在某个时间段里要访问的页的集合。Denning于1970年提出来的按工作集分配存储空间的方法，即工作集模式，是顺应程序的局部性形态(Locality)而制定的策略。让系统跟踪每个作业的工作集，并按工作集预先分配内存，当确认了作业的工作集已在内存后，才让该作业运行，这样既可以有效利用内存，又可以减少缺页中断次数，从而显著提高系统的效率。

工作集需要一个控制参数，如记为W，若某个页面在内存中有W个时间未被引用，则将被淘汰。由于实现工作集策略耗费很高，所以在实际系统中很少采用。

例 4-4 若工作集控制参数$W=5$，页面存取顺序为：7，0，1，2，0，3，0，4，2，3，0，3，2，1，2，0，1，则发生多少次缺页中断？驻留内存的页面数平均为多少？

【分析】

内存中驻留页的变化如下所示，驻留内存中的页面数分别为：

1,2,3,4,4,4,4,4,4,4,4,4,3,4,4,4,3

平均有：

(1＋2＋3＋4＋4＋4＋4＋4＋4＋4＋4＋4＋3＋4＋4＋4＋3)/17≈3.5(个)

页面驻留内存。

如图 4.23 所示的阴影部分，是采用工作集策略的结果。因工作集控制参数设为 $W=5$，所以，若某页面在内存中驻留 5 个时间单位未被引用，则主动空出位置，被淘汰。如本例中的第 4 页和第 3 页，分别在第 13 个时间间隔和第 17 个时间间隔时被让出占用的内存块，从而使固定给作业分配的实页数不到 4 页，平均为 3.5 页。

页面存取次序 →

7	0	1	2	0	3	0	4	2	3	0	3	2	1	2	0	1
7	7	7	7	7	3	3	3	3	3	3	3	3	3	3	3	0
	0	0	0	0	0	0	0	0	0	0	0	0	0	0	0	2
		1	1	1	1	1	4	4	4	4	4	2	2	2	2	1
			2	2	2	2	2	2	2	2	2		1	1	1	
*	*	*	*		*		*					*				

图 4.23　用工作集策略时驻留内存的页面的变化情况

4. 请求分页存储管理的特点

请求分页存储管理的优点：

(1) 有效地消除了内存碎片；

(2) 作业地址空间不受内存容量大小限制。

请求分页存储管理的缺点：

(1) 增加了系统时间和空间的开销；

(2) 可能引起抖动。

4.10　常用操作系统的存储方案

4.10.1　DOS 操作系统存储方案

DOS 操作系统使用的是单一连续分区方式，该区域紧接着操作系统在内存的驻留部分，最大可达 640KB。当需要运行用户程序时，操作系统将用户程序一次性全部调入内存。用户地址空间可以分为四段，它们是：用来存放程序的代码段，用来存放数据的数据段，用来实现数据操作的堆栈段，用来处理数组的地址段。这些段不需要连续存放，用户甚至可以指定段的相对位置。段的起始地址由对应的段寄存器来指定，绝对地址由段地址加上段内位移来确定。

DOS 操作系统的分段只是为了方便用户程序的编写，经过分段的程序条理清晰。由于内存的用户区最大容量限制为 640KB，用户程序也不可以突破这个界限。如果用户程序必须突破 640KB 的限制，可以采用覆盖技术进行编程。覆盖技术将程序划分为不同层次的模块，上层模块可以调用下层模块，同层模块之间由于没有相互调用关系可以在运行时间上串行，并且使用同一个覆盖区域。因此，覆盖技术实际上是同层模块对同一内存区域的覆盖使用，以此来节约内存空间。如果用户程序采用了覆盖技术，只要最大模块的总和不超过 640KB，该程序就可以运行。不过，覆盖技术对于普通用户来说要求太高，因此，并不受欢迎，人们也就渐渐放弃了对该技术的使用。

DOS 系统只能识别 1MB 以内的内存空间，如果内存容量大于 1MB，多出来的内存就会被浪费，这极大地限制了各种应用程序的开发。在 DOS 的基础上，演变开发出来的有些新的操作系统都力图冲破 640KB 的限制，但由于观念没有彻底改变，各种 DOS 系统最终未能超出困境。

另外，作为一个单一用户操作系统，DOS 系统越来越不能适应当今多用户多任务的发展趋势，这也是它走向衰落的另一个原因。

4.10.2 Windows 操作系统的存储管理

Windows 对 CPU 的要求是 486 以上机型，内存最小容量为 16MB。CPU 提供了一个 16 位的段选择器和 32 位的偏移地址寄存器，因此，允许用户空间分段，每段最大可达 4GB。内存空间分成大小为 4KB 的块。

Windows 既采用分段方式也采用分页方式，对于不同的虚拟机对应不同的段，在同一个虚拟机中根据程序的性质来决定是否分页。

对于 Windows 程序，可采用所有程序共用一个虚拟机中的存储器，作业空间以 4KB 为单位划分成页面，系统用软件实现动态分页存储管理；也可采用交换程序和淘汰算法在内存与外存交换区之间进行页面的换入、换出，从而实现虚拟存储器。Windows 使用高速缓存来充当页面映射的块表。

4.10.3 Linux 操作系统的存储管理

由于 Linux 操作系统也使用 486 以上的机型，因此它也利用了 486 的分页技术来实现虚拟存储器。在系统安装时从硬盘上划出一块区域作为交换区，系统运行时通过页面的换入、换出来扩大存储空间。

4.11 小　　结

存储管理的基本目的是方便用户使用和提高内存的利用率。存储管理的主要任务包括：内存的分配与回收，地址的映射，内存的共享和保护，存储扩充等。

存储管理主要研究的问题：如何存？如何取？当内存空间不够时如何替换？

地址映射，如何将逻辑虚地址变换成物理实地址的问题，包括静态映射和动态映射。

存储管理分为：分区存储管理、分页存储管理、分段存储管理、段页式存储管理、请求分页存储管理、请求分段存储管理以及请求段页式存储管理等。

分区存储管理包括固定分区管理和可变分区管理，分配策略有首次适应算法 IV、最佳适应算法BF、最坏适应算法WF。分区存储管理可以使多个作业共享内存,但内存的利用率不高,存在严重的"碎片"问题,需要"拼接"。

分区存储管理的优点:实现多道程序共享内存,提高了CPU的利用率,管理算法简单、易于实现。缺点:存在难以避免的内存"碎片"问题,造成了内存空间的浪费,降低了内存的利用率。

覆盖和交换技术用来解决在较小的存储空间中运行大作业时遇到的矛盾。覆盖技术要求作业各模块间有明确的调用结构,且要求用户向系统提供程序之间的覆盖结构,并做出正确的描述。交换是允许把一个作业装入内存之后,仍然能够把它换出内存或再换入内存,即在内存与外存之间交换程序和数据。换出的作业通常暂时存放在外存中,当需要把它再投入运行时,才把它换入内存。

分页存储管理取消了存储分配连续性要求,使得一个作业的地址空间在内存中可以是若干个不一定连续的区域。有效地解决了碎片问题,充分利用了内存空间,提高了内存利用率。

分页存储管理的地址映射可通过页表实现,为了加快地址映射的速度,引入了块表。

分页存储管理方案中,系统将作业的地址空间(虚拟空间)划分成若干个大小相等的块,称之为"页",对所有的页从0开始依次编号,称之为相对页号,作业的逻辑地址LA可以由页号p和页内地址d表示。与此相对应,系统将内存空间也划分成与页大小相同的若干块,称之为"块"。内存物理地址PA可以由块号b和页内地址d表示。

分页存储管理的优点:有效地解决了内存碎片问题,提高了CPU和内存的利用率。缺点:作业地址空间受到内存实际容量的限制,增加了系统的时间和存储空间的开销。

分段存储管理的每个作业地址空间是有逻辑结构的,由若干个具有逻辑意义的段组成。每个段都有自己的段名(经编译或汇编后翻译成段号),段的长度由相应的逻辑信息的长度决定(段的长度可以不等)。每个段从0开始顺序编址,是一维的线性空间,而作业的地址空间是二维的,地址结构由段号和段内相对地址(s,d)组成。

分段存储管理的优点:允许段长动态增长,便于实现段的共享和保护,便于实现动态链接。缺点:段的长度受内存可用区大小的限制,增加了系统的复杂性。

段页式存储管理的作业的地址空间按逻辑意义分段,是二维空间(s,d);每个段再划分成若干大小相同的页,其地址结构为(s,p,w),演变成三维空间。

段页式存储管理的优点:既方便了用户,又有效利用了内存。缺点:增加了软、硬件开销,使操作系统更为复杂。

具有整体性、驻留性及连续性三种特性的存储器管理方法,叫实存管理。无论是分区存储管理、分页存储管理、分段存储管理,还是段页式存储管理,都属于实存管理。

与实存管理相对的是虚存管理。虚存管理的基本思想是局部性、交换性和离散性;相应的虚存管理的策略:调入策略、分配策略和淘汰策略(FIFO、LRU、LFU、NUR)。

要实现虚拟存储管理,必须以非连续的存储管理方法为基础。分页存储管理、分段存储管理和段页式存储管理与虚存技术的结合分别称为请求分页存储管理、请求分段存储管理和请求段页式存储管理。

请求分页存储管理的基本方法是在分页存储管理的基础上,在作业开始执行前,只装入作业的一部分页面到内存，其他的页面在作业执行过程中根据需要，动态地从辅存装入内存。当内存块已经占满时，再根据某种策略交换出部分页面到辅存。

请求分页存储管理的优点：有效消除了内存碎片，作业地址空间不受内存容量大小限制。缺点：增加了系统时间和空间的开销，可能引起抖动。

请求分页存储管理中淘汰策略有先进先出算法(FIFO)、最近最少使用算法(LRU)、最近最不常用算法(LFU)和最近未使用算法(NUR)。FIFO 算法有可能存在 Belady 异常现象。

如果每个用户作业装入内存的部分太少，且页面调度的策略设计不当，就会出现"抖动"或"颠簸"。抖动使整个系统的效率大大下降，甚至使系统趋于崩溃，系统必须立即采取措施加以排除才行。为了保证每个进程有足够的内存空间，又使得用户进程数接近最佳值，从而使得 CPU 利用率接近最佳，尽量减少"抖动"，采用工作集 WS 的策略来解决存在的问题。

习 题 四

一、选择题

1. 某个采用按需调页策略的计算机系统部分状态数据为：CPU 利用率 20%，用于对换空间的硬盘利用率 97.7%，其他设备的利用率 5%。由此断定系统出现异常。此种情况下(　　)能提高利用率。

A. 安装一个更快的硬盘　　B. 通过扩大硬盘容量增加对换空间
C. 增加运行进程数　　D. 加内存条来增加物理空间空量

2. 最佳适应算法的空白区是(　　)。

A. 按大小递减顺序排列　　B. 按大小递增顺序排列
C. 按地址由小到大排列　　D. 按地址由大到小排列

3. 页式虚拟存储管理的主要特点是(　　)。

A. 不要求将作业装入到主存的连续区域
B. 不要求将作业同时全部装入到主存的连续区域
C. 不要求进行缺页中断处理
D. 不要求进行页面置换

4. 系统"抖动"现象的发生是由(　　)引起的。

A. 置换算法选择不当　　B. 交换的信息量过大
C. 内存容量不足　　D. 请求页式管理方案

5. 作业在执行中发生了缺页中断，经系统将该缺页调入内存后，应继续执行(　　)。

A. 被中断的前一条指令　　B. 被中断的指令
C. 被中断的后一条指令　　D. 程序的第一条指令

6. 下面关于非虚拟存储器的论述中，正确的论述是(　　)。

A. 作业在运行前必须全部装入内存并在运行过程中也一直驻留内存
B. 作业在运行前不必全部装入内存并在运行过程中也不必驻留内存
C. 作业在运行前必须全部装入内存但在运行过程中必须驻留内存

D. 作业在运行前必须全部装入内存但在运行过程中不必驻留内存

7. 把作业地址空间中使用的逻辑地址变成内存中物理地址称为(　　)。

A. 加载　　B. 重定位　　C. 物理化　　D. 逻辑化

8. 在请求分页存储管理方案中,如果所需的页面不在内存中,则产生缺页中断,它属于(　　)。

A. 硬件故障　　B. I/O　　C. 外设　　D. 程序

9. 在可变式分区分配方案中,将空白区在空白区表中按地址递增次序排列是(　　)。

A. 最佳适应算法　　B. 最差适应算法

C. 最先适应算法　　D. 最迟适应算法

10. 动态重定位技术依赖于(　　)。

A. 重定位装入程序　　B. 重定位寄存器

C. 地址机构　　D. 目标程序

二、填空题

1. 在分区分配算法中,首次适应算法倾向于优先利用内存中(　　　　)部分的空闲分区,从而保留了(　　　　)部分的大空闲区。

2. 把作业装入内存中随即进行地址变换的方式称为(　　　　),而在作业执行期间,当访问到指令或数据时才进行地址变换的方式称为(　　　　)。

3. 虚拟存储器通常由(　　　　)和(　　　　)两级存储系统组成。在一台特定的机器上执行程序,必须把(　　　　)映射到这台机器主存储器的(　　　　)空间上,这个过程称为(　　　　)。

4. 静态重定位是由专门设计的(　　　　)完成的,而动态重定位是靠(　　　　)来实现的。

5. 在存储管理方案中,可用上、下限地址寄存器保护的是(　　　　)。

6. 用户编程时使用(　　　　)地址。处理机执行程序时使用(　　　　)地址。

7. 在请求分页系统中,反复进行“入页”和“出页”的现象称为(　　　　)。

8. 地址再定位的两种方式是(　　　　)和(　　　　)。

9. 在页式管理中,指令的地址部分的结构形式分别是(　　　　)和(　　　　)。

10. 静态重定位在(　　　　)时进行,而动态重定位在(　　　　)中进行。

三、判断题

1. 一个虚拟的存储器,其地址空间的大小等于辅存的容量加上主存的容量。(　　)

2. 每个作业都有自己的地址空间,地址空间中的地址都是相对于起始地址“0”单元开始的,因此逻辑地址就是相对地址。(　　)

3. 在分页存储管理中,减少页面大小,可以减少内存的浪费。所以页面越小越好。(　　)

4. 虚拟存储器的基本思想是把作业地址空间和主存空间视为两个不同的地址空间,前者称为虚存,后者称为实存。(　　)

5. CPU 的地址空间决定了计算机的最大存储容量。(　　)

6. 虚地址即程序执行时所要访问的内存地址。(　　)

7. 为了使程序在内存中浮动，编程时都使用逻辑地址。因此，必须在地址转换后才能得到主存的正确地址。(　　)

8. 按最先适应算法分配的分区，一定与作业要求的容量大小最接近。(　　)

9. 分区分配是能够满足多道程序要求的一种较为简单的存储管理技术。(　　)

10. 在动态分页存储管理中，由于页面置换算法选择不当，就会出现系统抖动现象。(　　)

四、思考题

1. 多重动态分区式管理的内存分配算法有哪几种？试比较其各自的优缺点。

2. 某个操作系统采用可变分区分配方法管理，用户区主存 512KB，自由区由可用空区表管理。若分配时采用分配自由分区的低地址部分的方案，假设初始时全为空。对于下述申请次序：

req(300K)，req(100K)，release(300K)，req(150K)，req(30K)，req(40K)，req(60K)，release(30K)

回答下列问题：

(1) 采用首次适应算法，自由空区中有哪些空块？(给出起始地址、大小)

(2) 若采用最佳适应算法，回答(1) 中的问题。

(3) 如果再申请 100K，针对(1) 和(2) 各有什么结果？

3. 何谓“抖动”？它是由什么引起的？

4. 已知主存容量为 64KB，页表如下所示，取 1KB 为一块。某一程序地址为 3500，将此程序地址转换为物理地址，说明其转换过程。

页号	块号
0	2
1	4
2	6
3	7

第5章 文件系统

【本章导读】 计算机系统的4大资源中,信息是一种比较特殊的资源。这里所说的信息包括程序和数据。计算机系统中需要保存必要的系统程序,如操作系统、语言处理程序和数据库管理程序等,也需要保存各种应用程序。数据是计算机系统的处理对象,计算机要接收来自外部的数据,在各种系统资源的支持下对它们进行处理。程序和数据并不能绝对地区分开来,这就是说,同一个对象在一个场合被作为数据,而另一个场合则可能被作为程序。

计算机系统利用存储器来保存大量的信息,大量信息不可能都保存在有限的内存中,实际上,除了少量信息,如厂家在制造计算机时装入的信息,大量信息是保存在外存上的,当真正需要时才被部分地调入内存。文件系统肩负着管理大量信息资源的重任,几乎所有的操作系统都具有文件系统或者相当于文件系统的部分。

5.1 文件和文件系统的基本概念

5.1.1 文件

1. 文件的定义

操作系统对信息的管理是通过把它们组织成一个个文件的方法实现的。

文件是信息的一种组织形式,是一个具有标志名的存储在辅存上的一组信息的有序序列。它可以是一组赋名的相关联字符流的集合,也可是一组赋名的相关联记录的集合。

2. 文件名

文件名是用来标记文件的有限长度的字符串。

文件是一种抽象机制,它提供了一种把信息保存在辅助存储器上以便以后读取的方法。用户不必了解信息存储的位置、方法以及磁盘实际运行方式等细节。

抽象机制的重要特征是被管理对象的命名方法。在创建文件时,进程给出文件名,在进程终止后,文件仍然存在,其他进程经授权可以使用该文件名访问该文件。

各种操作系统的文件命名规则略有不同,DOS和Windows中的文件名都采用"文件名.扩展名"的形式,不区分大小写,UNIX则要区别大小写。DOS的文件全名最多11个字符,即文件名长度为8个字符,扩展名长度为3个字符,Windows支持长文件名,即文件名最多可使用256个字符;UNIX规定文件名是一个以字母或下划线开头的不大于255个字符的字符串,没有文件名和文件扩展名之分。

扩展名可用来识别文件的类型。例如在DOS和Windows中,.com表示命令解释文件,.exe表示可执行文件,.bat表示批处理文件,.sys表示系统配置文件等;在UNIX系统中,如果使用扩展名,那么一个文件之中可以含两个或多个部分的扩展名,如在"prog.c.Z"

中,“.Z”通常表明文件“prog.c”已经用压缩算法压缩过。

3. 文件的分类

为了便于控制和管理,通常把文件分成若干类型。

1. 按文件性质和用途分类

(1) 系统文件:操作系统和其他系统程序和数据组成的文件。这类文件通常是可执行的文件,用户只能通过系统调用请求服务。

(2) 库文件:标准子程序及常用应用程序组成文件,这类文件也是可执行文件,允许用户使用但不能修改。

(3) 用户文件:由用户自行建立的文件。如用户的源程序,一张图片等。

2. 按信息保存期限分类

(1) 临时文件:文件存放的信息是临时的。如有些程序运行时,会产生一些临时文件,当程序正常结束时,临时文件会被删除。

(2) 档案文件:常保存在脱机的磁盘中。

(3) 永久文件:经常使用的文件,既有联机文件又有备份文件。

3. 按文件的信息流向来分类

(1) 输入文件。

(2) 输出文件。

(3) 输入/输出文件。

4. 在 UNIX 中,按文件的组织形式分类

(1) 普通文件(regular):即一般文件,也称正则文件。正则文件是 ASCII 文件或二进制文件。它们既是用户文件也可以是库文件或系统文件。

(2) 目录文件(directory):由文件的目录构成的文件,是管理文件系统结构的系统文件。

(3) 特别文件(special file):把输入/输出设备视作文件,如终端、网络、磁盘等。特别文件的使用方式与普通文件相似。

5. 按文件的保护方式分类

(1) 只读文件:只允许用户查看而不准用户修改和执行。

(2) 读写文件:允许用户查看和修改。

(3) 不保护文件:没有任何保护级别的文件,用户可看,可修改。

(4) 执行文件:只允许有权限的用户调用执行,不允许用户查看和修改。

6. 按文件的逻辑结构分类

(1) 流式文件。

(2) 记录式文件。

5.1.2 文件系统

1. 文件系统的定义

文件系统是为使用文件的作废和应用程序提供服务,指与管理文件有关的软件和数据的集合。它是用户和程序访问文件的唯一途径。

2. 文件系统的功能

文件系统包括两个方面:一是负责管理的文件;一是包括被管理的文件。

文件系统的主要功能是提供用户和应用程序按名访问文件的能力，并提高辅助存储器的利用率。除用户和应用程序按名访问文件外，文件系统还提供以下功能：

(1) 对用户提供友好的接口，让用户实现按名存取，即用户要使用某个文件时，只要给出文件即可，由文件系统根据文件名到文件存放的存储器中去存取，用户不必关心文件的物理存放位置，文件如何传输等问题。它是文件系统最重要的任务。

(2) 对文件的各种操作，如读、写、创建、删除文件等，以及设置文件的访问权限。

(3) 可实现文件的共享，多用户使用同一文件，文件系统提供文件共享机制，并为文件提供保护。

(4) 对外存储器的管理，文件一般都存放在外存储器上，需要时再调入内存运行，文件系统必须有效地、合理地利用外存空间，为每一个文件分配合适的空间。

(5) 提供各种保护措施，多个文件放在一起，必须防止互相破坏；对于非法用户，必须有有效措施把其拒之门外。

5.1.3 文件系统结构和存取方法

所谓文件的结构，是指以什么样的形式去组织一个文件。用户总是从使用的角度出发去组织文件，而系统总是从存储的角度出发去组织文件。因此，文件的两种结构：从用户使用角度组织文件，被称为文件的“逻辑结构”；从系统存储角度组织文件，被称为文件的“物理结构”。文件系统的主要功能之一是在文件的逻辑结构与相应的物理结构之间建立起一种映射关系，并实现两者之间的交换。换句话说，就是若用户要使用文件中的某个信息，那么系统就必须根据用户给出的文件名以及所指的信息，找到这个文件，找到这个文件里的那个信息。“找到”就是进行逻辑结构与物理结构之间的映射。

1. 文件的逻辑结构

从用户角度看文件，用户把数据汇集在一起形成文件，目的是要使用它，因此，用户都是从如何使用方便的角度去组织自己的文件。这样组织出来的文件，就称为文件的逻辑结构。一个文件的逻辑结构，就是该文件在用户呈现的结构形式。如图5.1所示。

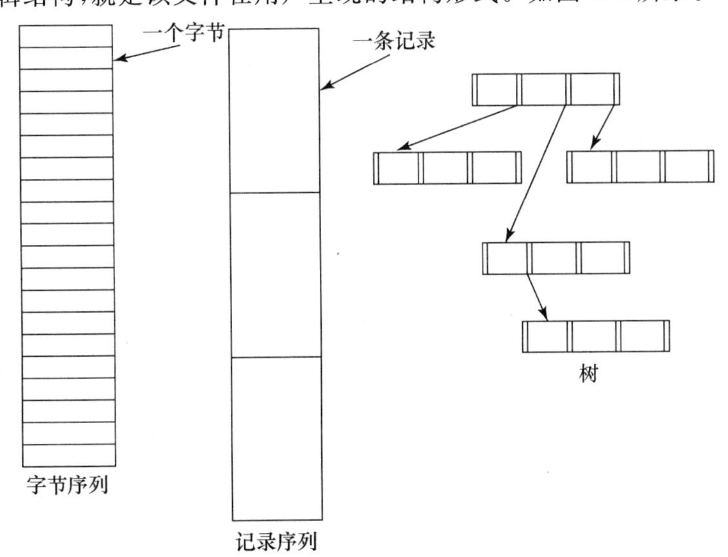

图5.1　文件的逻辑结构

按文件的逻辑结构分类,可以把文件分为流式文件和记录式文件两种。即文件的逻辑结构有两种:流式和记录式。

(1) 流式文件:构成文件的基本单位是字符,文件是有逻辑意义的、无结构的一串字符的集合。

流式文件是一个无结构字节序列。它提供了很大的灵活性。

(2) 记录文件:文件是由若干个记录组成,每个记录有一个键,可按键进行查找。记录式文件是有结构的文件。

记录文件是一个固定长度记录的序列,每条记录有其内部结构。

2. 文件的存取方法

用户通过对文件的存取,完成对文件的虚位以待、搜索等操作。根据文件的性质和用户使用文件的情况,决定不同的存取方法。

(1) 顺序存取。顺序存取是指按照记录的逻辑排列次序依次存取每个记录。若上次读取的是记录 N,则本次要读取的记录自动确定为 N+1,故每次存取不必给出具体的存取位置。

(2) 随机存取。随机存取又称直接存取,即允许随意存取任一记录,而不管上次访问了哪个记录。每次存取操作要指定存取操作的开始位置。

5.1.4 文件的物理结构和存储介质

文件在辅助存储器上的存放形式称为文件的物理结构。如何组织文件的物理结构,才能既提高存储空间的利用率,又减少存取文件信息的时间,这是文件系统要研究的一个重要问题。

要知道文件是如何存放在辅助存储器上,首先应该了解辅助存储器的特性。

1. 存储介质

(1) 物理块(块)

在文件系统中,文件的存储设备常常划分为若干大小相等的物理块。同时也将文件信息划分成相同大小的逻辑块(块),所有块统一编号。

以块为单位进行信息的存储、传输、分配。

(2) 磁带

磁带机对磁带进行存取访问时,由磁头从磁带核心到所需位置读取信息。磁带能永久保存大容量数据。它是顺序存取设备:前面的物理块被存取访问之后,才能存取后续的物理块的内容(如图 5.2 所示)。它存取速度较慢,主要用于后备存储或存储不经常用的信息或用于传递数据的介质。

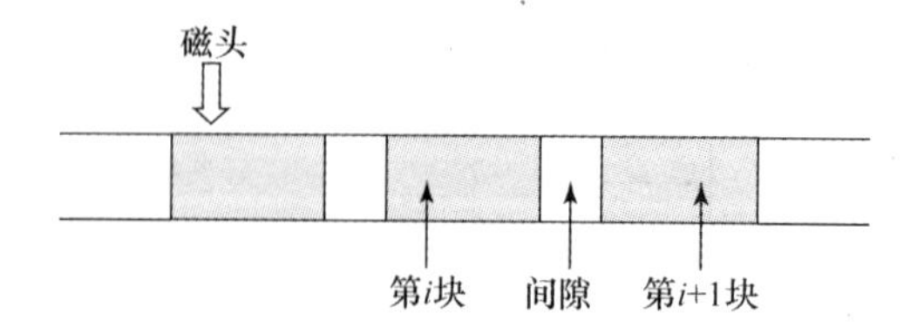

图 5.2 磁带结构示意图

(3) 磁盘

磁盘是现在用得较多的一种存储器设备,它的存储容量大,价格低,在脱机情况下可永久保存信息。

磁盘系统由磁盘本身和驱动控制设备组成,实际存取读写的动作过程是由磁盘驱动控制设备按照主机要求完成的。

一次对磁盘的读写称为一次访盘请求,它由:操作类型(读/写),磁盘地址(设备号,柱面号,磁头号,扇区号),内存地址(源/目)等部分组成。即:将指定磁盘地址中的信息读出并放到指定的内存地址中,或将指定内存地址中的信息存入指定的磁盘地址中。

一次磁盘访问包括三个步骤:

- 寻道(时间):磁头移动定位到指定磁道。
- 旋转延迟(时间):等待指定扇区从磁头下旋转经过。
- 数据传输(时间):数据在磁盘与内存之间的实际传输。

因此,一次磁盘访问的时间为:

寻道时间 + 旋转延迟时间 + 数据传输时间

磁盘分为软盘和硬盘两种。

- 软盘。由于软盘片的存储信息是将磁粉涂在软塑料片基上,故称软盘。操作系统将磁盘划分为一个个的同心圆,这些同心圆称为磁道,再沿软盘的半径方向把各个磁道分为一个个弧形区域即扇区。扇区是磁盘的最小存储单位,一般为512B,磁道从外向内由0开始编号,扇区则从1开始编号,如位于第1磁道、第3扇区的绝对地址是"0,3"。要访问数据,只需将磁头对应到磁道和扇区即可。如图5.3所示。
- 硬盘。硬盘是容量最大的外存储器,因磁粉是涂在铝合金圆盘上,故称硬盘。硬盘类似于将多张软盘层叠在一起。信息记录在磁道上,正反两面都用来记录信息,每面一个磁头。所有盘面中处于同一磁道号上的所有磁道组成一个柱面。由磁头号(盘面号)、柱面号(磁道号)、扇区号来决定硬盘物理单位的绝对地址。如图5.4所示。

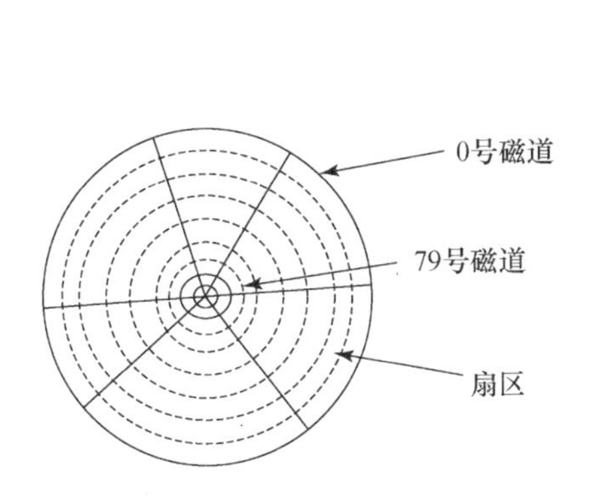

图5.3 软盘结构示意图

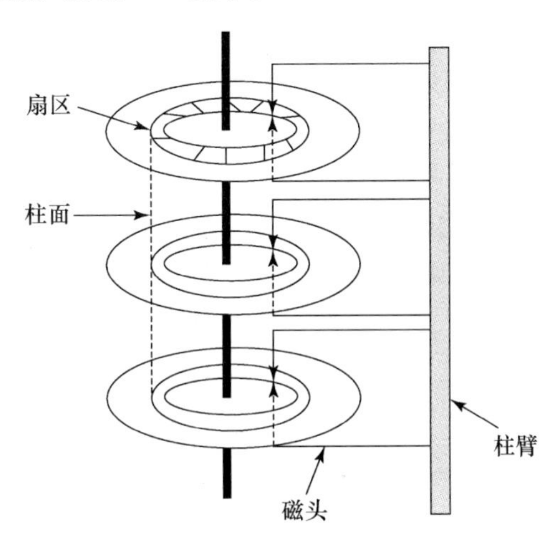

图5.4 硬盘结构示意图

辅助存储器的特点是存储容量大,可靠性高,价格低,在脱机情况下可永久保存信息,但速度较慢。

(4) 光盘

光盘存储器是用激光技术在特制的圆形盘片扇区内高密度地存取信息的装置。由光盘片和光盘驱动器构成。光驱的读写速度慢于硬盘,但快于软盘;可靠性高、容量大、价格便宜。光盘的空间结构与磁盘类似。

2. 文件的物理结构

文件的物理结构代表了数据的存取方式，常用的有以下三种：

(1) 连续文件(顺序文件)

连续文件是指把逻辑上连续的文件信息依次放到连续的物理块中。如图 5.5 所示。

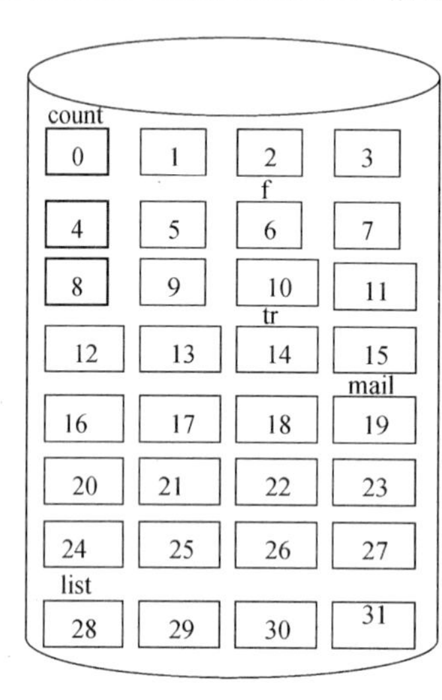

文件目录

文件名	始址	块数
count	0	2
tr	14	3
mail	19	6
list	28	4
f	6	2

图 5.5 连续文件

对于磁带上的连续文件，只适用顺序存取的方法，而对于磁盘上的连续文件，既可用顺序存取也可用随机存取的方法。

连续文件的优点：简单，支持顺序存取和随机存取，顺序存取速度快，所需的磁盘寻道次数和寻道时间最少。

连续文件的缺点：文件不能动态增长，预留空间造成浪费，不利于文件插入和删除。

(2) 链接文件(串联文件)

一个逻辑上连续的文件信息分散存放在若干不连续的物理块中，每个物理块最末一个字作为链接字通过指针连接与它勾连的下一物理块，前一个物理块指向下一个物理块。文件尾部块则存放结束标记“^”。如图 5.6 所示。

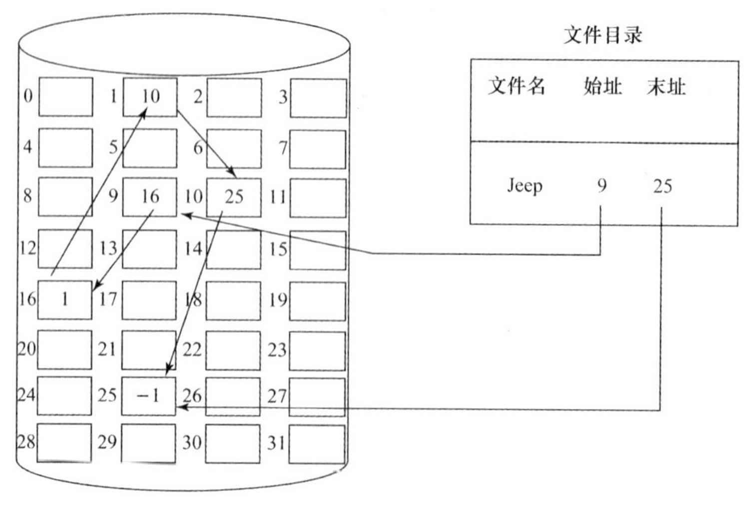

图 5.6 链接文件

链接文件只适用于磁盘，不适用于磁带，且链接文件只能顺序存取。若采用随机存取，如果访问文件最后一块的内容，实际上要从文件头开始，链表依次向后访问，直到访问到文件最后一块，这实际上就变成了顺序存取。

链接文件的优点：提高了磁盘空间利用率，不存在外部碎片问题，有利于文件插入和删除，有利于文件动态扩充。

链接文件的缺点：存取速度慢，不适于随机存取，可行性问题，如指针出错，会导致更多的寻道次数和寻道时间，链接指针占用一定的空间。

(3) 索引文件

索引文件的思想类似于存储管理中的分页管理，把一个文件的信息划分为大小相同的若干连续的逻辑块，每个逻辑块可存放在若干不连续物理块中，系统为每个文件建立一个专用数据结构——索引表，并将这些块的块号存放在一个索引表中。一个索引表就是磁盘块地址数组，其中第 i 个条目指向文件的第 i 块。如图 5.7 所示。

索引文件只适用于磁盘，对索引文件除了能进行顺序存取外，还可较方便地实现随机存取。若要对文件进行删除或增加，只需修改索引表即可。但因每个文件都有一张索引表，若把索引表全部放入内存，必然占据过多的内存，一般把索引表以文件的形式存放到外存中，需要时再调入内存使用。

索引文件的优点：保持了链接结构的优点，又解决了其缺点；即能顺序存取，又能随机存取；满足了文件动态增长、插入、删除的要求；也能充分利用外存空间。

索引文件的缺点：较多的寻道次数和寻道时间；索引表本身带来了系统开销，如内外存空间以及存取时间。

对于中小型文件，存放索引表文件可能只需要一个物理块，但对于大型文件，由于索引表较大，需要多个物理块来存放，再通过链接指针把这几个物理块链接起来，索引表的访问效率必然降低。这时可采用两级或多级索引的方法。多级索引是将一个大文件的所有索引表(二级索引)的地址放在另一个索引表(一级索引)中。

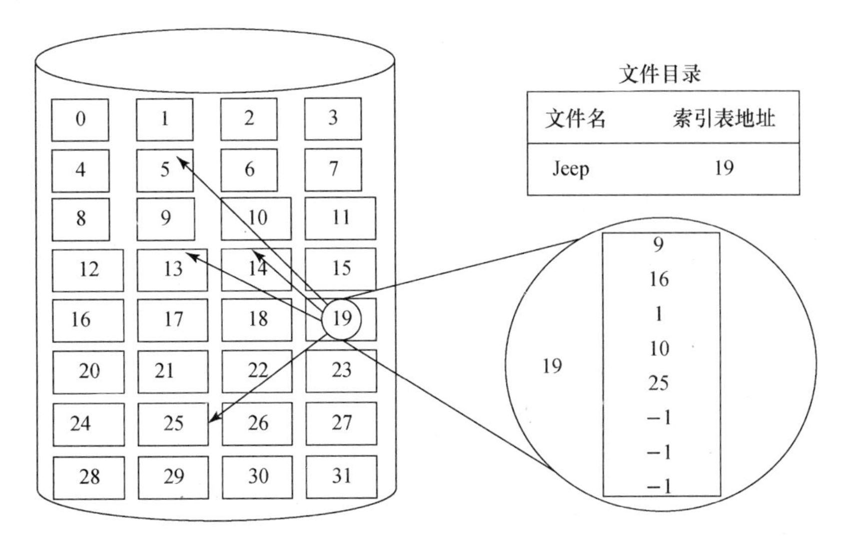

图 5.7　索引文件

文件的物理结构和存取方法与存储设备密切相关，图 5.8 列出了三者之间的关系。

存储介质	磁带	磁盘		
物理结构	连续	连续	链接	索引
存取方法	顺序存取	顺序	顺序	顺序
		随机		随机

图 5.8 存储介质、文件物理结构、存取方法的关系

5.1.5 UNIX 系统的文件物理结构

UNIX 文件系统采用的是多级索引结构(综合模式)。每个文件的索引表为 13 个索引项,每项 2 个字节。最前面 10 项直接登记存放文件信息的物理块号(直接寻址)。如果文件大于 10 块,则利用第 11 项指向一个物理块,该块中最多可放 256 个文件物理块的块号(一次间接寻址)。对于更大的文件还可利用第 12 和第 13 项作为二次和三次间接寻址。UNIX 中采用了三级索引结构后,文件最大可达 16M 个物理块。如图 5.9 所示。

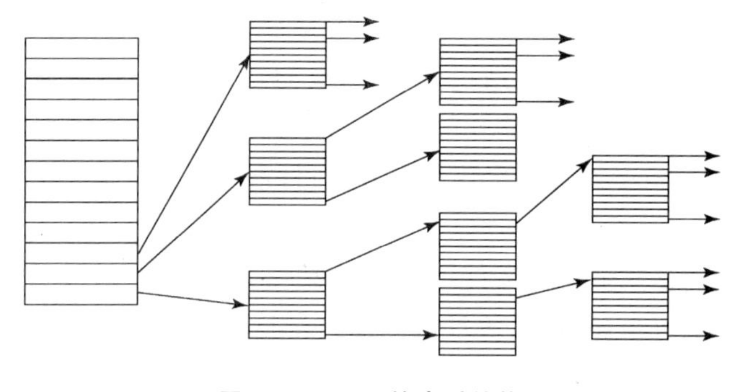

图 5.9 UNIX 的索引结构

5.2 文件目录管理

与文件管理系统和全部文件都相关的是文件目录。文件的目录包括文件的控制信息,如文件名、存储位置、属性和访问权限等。若干文件的目录构成目录文件,各种文件管理条例都可以访问目录文件;而用户和应用程序是使用系统调用获得目录文件的部分信息。

5.2.1 基本概念

(1) 文件控制块(FCB):文件控制块是操作系统为管理文件而设置的数据结构,存放了为管理文件所需的所有有关信息(文件属性)。文件控制块是文件存在的标志。

文件控制块的内容有:文件名,文件号,用户名,文件地址,文件长度,文件类型,文件属性,共享计数,文件的建立日期,保存期限,最后修改日期,最后访问日期,口令,文件逻辑结构,文件物理结构。

(2) 文件目录:把所有的文件控制块组织在一起,就构成了文件目录,即文件控制块的有序集合。

(3) 目录项：构成文件目录的项目(目录项就是 FCB)。

(4) 目录文件：为了实现文件目录的管理，通常将文件目录以文件的形式保存在外存中，这个文件就叫目录文件。

5.2.2 一级目录结构

这种结构为一个文件卷设置一个目录表，表中的每一表目对应一个文件，当系统新建或删除一个文件时目录表中增加或删除一个条目(见图 5.10)。这种目录结构很简单，每个目录表项都指向一个普通文件，文件名和文件一一对应。有了这张表，我们就可以通过文件名来对文件进行各种操作，即实现“按名存取”。

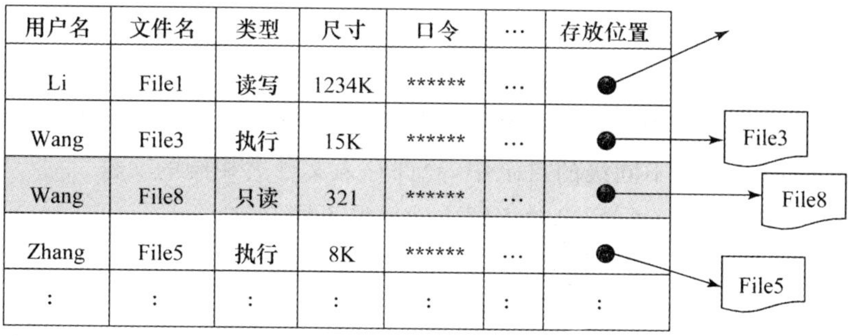

用户名	文件名	类型	尺寸	口令	…	存放位置
Li	File1	读写	1234K	******	…	●
Wang	File3	执行	15K	******	…	● → File3
Wang	File8	只读	321	******	…	● → File8
Zhang	File5	执行	8K	******	…	● → File5
:	:	:	:	:	:	:

注：灰色部分为准备删除文件及其目录条目。

图 5.10 一级目录结构

可以看出一级文件目录有如下特点：

(1) 结构简单、清晰，便于维护和查找；

(2) 可实现按名存取；

(3) 搜索速度快；

(4) 不允许文件重名。

(5) 由于一个文件卷的所有文件都登记在一个目录表中，因此目录表会变得非常大，通过它来查找文件效率就变得很低。

为了改变一级目录文件命名冲突，并提高对目录文件检索速度，我们引入二级文件目录。

5.2.3 二级目录结构

这种结构(见图 5.11)把一个目录分为主目录 MFD(Master File Directory)和子目录两级。子目录又称用户文件目录 UFD(User File Directory)，一个子目录中保存的文件不能重名。主目录中的每个条目由用户名和用户文件目录指针组成，当然，用户名不能重复。当一个用户要建立一个新文件时，系统先在主目录中按用户名找到他的条目(如果找不到，就为这个用户新建立一个条目)，然后根据该条目中的指针在用户文件目录中为这个新文件建立新条目。在做其他文件操作时也按“用户名”→“文件名” →“文件”的路径进行。这种结构适用于多用户系统。

二级文件目录具有以下特点：

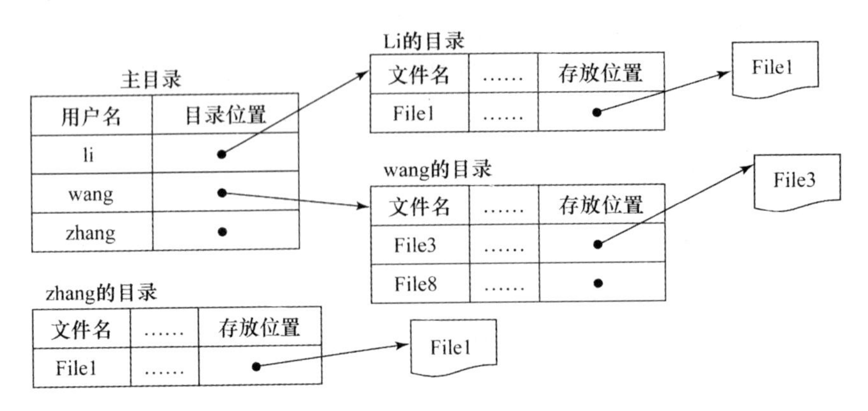

图 5.11　二级目录结构

(1) 搜索速度得到提高。根据用户名先搜索主目录,然后再根据文件名到用户文件目录中去搜索该文件,不必将所有的文件目录都搜索一遍,显然大大提高了搜索速度。

(2) 允许文件重名,即不同级的目录中,允许存入文件名相同的文件。

(3) 允许文件别名,即不同用户对相同文件可取不同名字。

虽然二级文件目录有了很大改进,但随着外存容量的增大,可容纳的文件数越来越多,单纯分为二级结构已不能很方便地对种类繁多的大量文件进行管理。于是把二级文件目录的层次关系加以推广,在用户文件目录下再创建一级子目录,将二级文件目录变为三级文件目录,依次类推,进一步形成四级、五级等多级目录。

5.2.4　多级目录结构(树型目录)

所有目录和文件组合在一起,构成了一个层次结构,称为目录树,如图 5.12 所示。第一级目录作为系统目录,称为根目录(树的根节点)。目录树中的非节点指出目录文件,非目录文件一定由叶节点指出,叶节点也可能指出目录文件,即空目录。

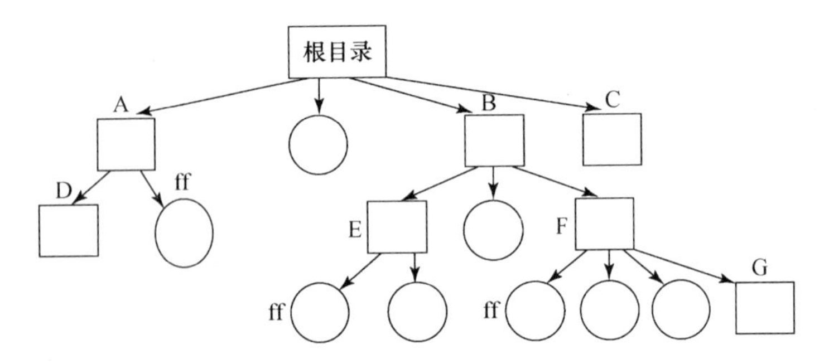

图 5.12　树型目录结构

在树型目录结构中,我们可通过路径来找到引用某一文件,路径名由文件名和包含该文件的目录组成,路径名有绝对路径名和相对路径名。从根出发到任何一个叶节点有且只有一条路径,该路径的全部节点名构成一个全路径名,又称绝对路径名;从当前工作目录开始到所找的一个叶节点的路径,该路径的全部节点构成一个全路径名,又称相对路径名。为查找一个非目录文件,可使用它的全路径名,如“/B/F/ff”。其中,斜线(“/”)表示路径名分量的分隔符，这是UNIX系统中采用的；在Windows系统中，使用的分隔符是反斜线（“\”）。

树型目录的优点：层次结构清晰，便于管理和保护；有利于文件分类；解决了重名问题；提高文件检索速度；能进行存取权限的控制。

树型目录的缺点：查找一个文件按路径名逐层检查，由于每个文件都放在外存，多次访盘影响速度。

5.3 文件存储空间管理

为便于长期保存，文件通常都被存储在大量的辅助存储器上。因此，文件系统的重要任务之一是要随时掌握存储空间的使用情况，为有效文件合理地分配空闲存储空间，并及时回收不用的存储空间。

5.3.1 位示图

为所要管理的磁盘设置一张位示图，用以反映整个存储空间的分配情况。至于位示图的大小，由磁盘的总块数决定。位示图中的每个二进制位与一个磁盘块（这里假定一个扇区就是一个磁盘块）对应，该位状态为“1”，表示所对应的块已经被占用；状态为“0”，表示所对应的块仍然是空闲。

如有一磁盘，共有100个柱面，每个柱面有8个磁道，每个盘面分成4个扇区，那么，整个磁盘空间磁盘块的总数为：4×8×100＝3200（块）。

在将文件存放到辅助存储器上时，要提出申请。这时，就去查找位示图，状态为“0”的那位所对应的块可以分配。因此，在申请磁盘空间时，就有一个“已知字号、位号，计算对应块号（即柱面号、磁头号、扇区号）”的问题。计算公式如下。

已知字号i，位号j：块号＝i×字长＋j

已知块号：字号＝[块号/字长]　　位号＝块号 mod 字长

已知块号，则磁盘地址：

柱面号＝[块号/（磁头数×扇区数）]

磁头号＝[（块号 mod（磁头数×扇区数））/扇区数]

扇区号＝（块号 mod（磁头数×扇区数））mod 扇区数

已知磁盘地址：块号＝柱面号×（磁头数×扇区数）＋磁头号×扇区号＋扇区号

注：公式中[]表示整除，mod表示取余。

5.3.2 空闲区表

系统设置一张表格，表中每一个表目记录磁盘空间中的一个连续空闲盘区的信息。如该空闲盘区的起始空闲块号、连续的空闲块个数以及表目的状态，如图5.13(a)所示。

序号	起始空闲块号	连续空闲块号	状态
1	2	5	有效
2	18	4	有效
3	59	5	有效
4	80	6	空白
…	…	…	…

(a)

序号	起始空闲块号	连续空闲块号	状态
1	2	5	有效
2	18	4	有效
3	65	9	有效
4	80	6	空白
…	…	…	…

(b)

图 5.13 空闲区表

为一个新文件分配辅助存储器空间时，与内存的动态分区类似，根据系统的要求采用最先适应算法、最佳适应算法或最坏适应算法，在空闲区中找到一个最合适的空闲区把它分配出去，然后在空闲区表中删除。

当要撤销一个文件时，就将文件占用的连续空间释放掉，然后将释放空间的信息登记到空闲表中。

如现在的一个文件需要 6 个磁盘块的存储空间。查找 5.13(a)中空闲区表，虽然第 4 表项连续空闲区的数目为 6，但因为它的状态是"空白"，因此所记录的这个信息是无效的。现在表项 3 中记录的是从第 59 块开始的连续 5 个空闲块，它能满足这个文件提出的存储要求。于是，把它前面的 6 个连续磁盘块分配出去(59、60、61、62、63、64)，修改相应的表项，该空闲区的起始空闲块号成为 65，共有 9 个连续空闲块。如图 5.13(b)所示。

当文件太大时，空闲区表中将没有合适的空间能分配给它；经过多次分配与回收，空闲区表中的小空白文件将越来越多且很难分配出去，这样就形成了碎片。

5.3.3 空闲块链

所谓空闲块链，就是在磁盘的每一个空闲块中设置一个指针，指向另一个磁盘空闲块，从而所有的空闲块形成一个链表。如图 5.14 所示。

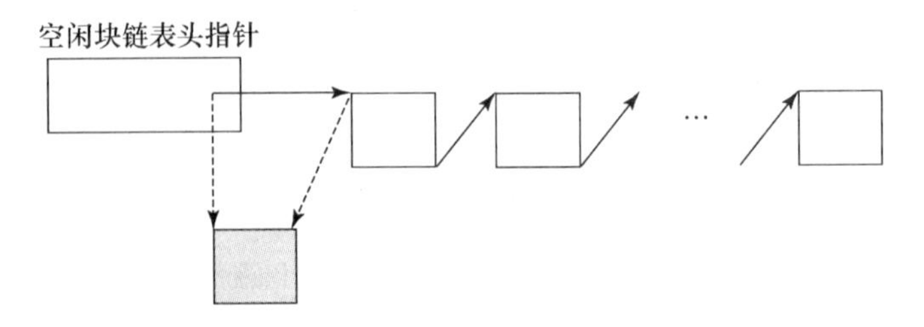

图 5.14 空闲块链

当需要为一个文件分配存储空间时，系统从链头开始摘取所需要的空闲块，然后调整链首指针。这样，只要文件大小不超过空闲块链总长度，系统总能为之分配足够的存储空间，且可让文件存放在不连续的存储空间，提高存储利用率。若要释放存储块，只需把归还的块从链首插入即可。

空闲块链的优点是：可实现不连续分配，不占用额外的存储空间。

空闲块链的缺点是：因为链接信息是存放在每个空闲块中，每当在链上增加或删除空闲块时需要很多输入/输出操作，系统开销大；对于大型文件系统，空闲块链将会太长。

一种改进的方法是“成组链接”法，即系统根据磁盘块数，开辟若干块来专门登记系统当前拥有的空闲块的块号。

5.3.4　常用操作系统对磁盘存储空间的管理

1. DOS 的文件系统

DOS 操作系统将若干个连续扇区作为存储分配的单位，称为簇。不同的磁盘，簇的大小不同，随磁盘容量的增大而增大。DOS 对簇的管理采用文件分配表(File Allocation Table,FAT)的数据结构。FAT 在磁盘格式化时建立，结构如图 5.15(a)所示。

FAT 使用了下列磁盘存储概念。

(1) 扇区。磁盘中最小的物理存储单元。

(2) 簇。一个或多个连续的扇区。

FAT 记录了所有簇的使用情况，在 DOS 操作系统中有两个 FAT，若一个受到破坏，则还可使用另一个。FAT 的 0 和 1 号表项由系统保留，簇号从 2 号开始，0 号代表软盘类型，1 号代表为常数，从 2 号开始，每个表项存放一个簇的使用描述，如图 5.15(b)所示。

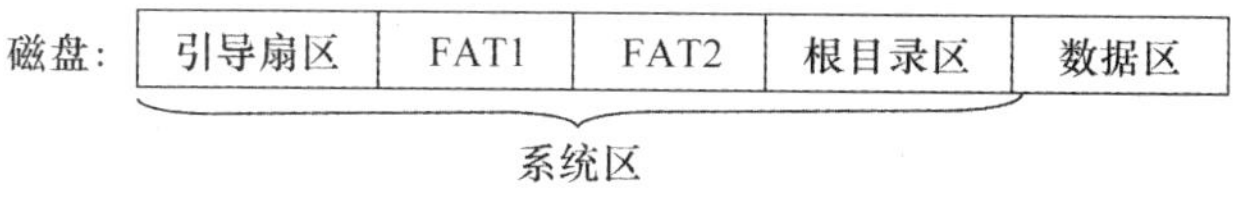

磁盘：	引导扇区	FAT1	FAT2	根目录区	数据区

（引导扇区、FAT1、FAT2、根目录区：系统区）

(a)　DOS磁盘结构

FAT内容	描　述
0000	空闲簇
0002　FFEF	下一簇的簇号
FFF0　FFF6	保留不用的簇
FFF7	坏簇
FFF6　FFFF	盘簇链结尾标志

(b)　FAT的表项意义

图 5.15　FAT

FAT 完成对簇的管理还必须有根目录表 FDT 的配合。FDT 中的每个表项占 32B，用来记录一个文件或目录 FCB 的内容。FAT 和 FDT 配合管理数据区中的簇，如图 5.16 所示。

假定要访问根目录下的文件 1。DOS 操作系统首先在根目录区找到文件 1 的 FDT，得到文件 1 的起始簇号 0003，然后再到 FAT 中找到 3 号表项，其中的值 0005 说明下一簇是 7，7 号表项的值 0008 数据说明下一簇为 8，8 号表项的值为 FFFF，表示已到文件尾。

DOS 的 FAT 表项大小为 16，所以称为 FAT16。FAT16 最多支持 2GB 的硬盘分区，对于大硬盘，它也不再适用，所以 FAT16 现已被 FAT32 替代，FAT32 即 FAT 为 32 位。FAT32 具有以下特点：支持大硬盘及分区，最多可达 4G 个簇，簇的大小为 4KB，减少了磁盘空间浪费；根目录下可容纳无数多个文件或目录；对关键磁盘提供多余备份，使分区或数据不易损坏。

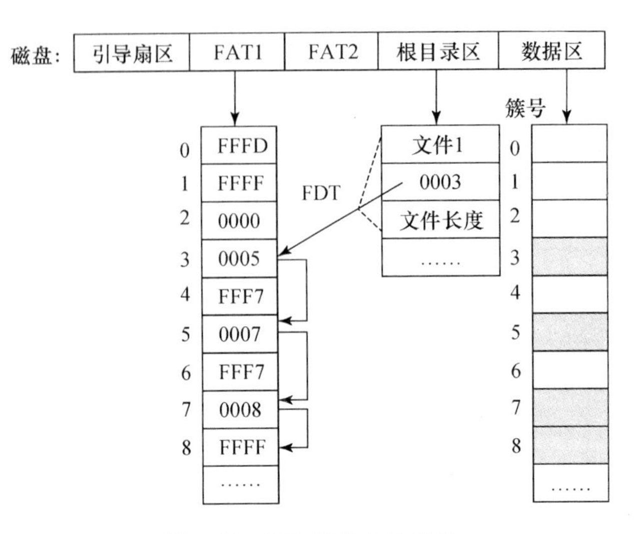

图 5.16 DOS 磁盘文件簇链

2. Windows 2000 的文件系统

与 DOS、Windows 95、Windows XP 的 FAT 相比,Windows 2000 的文件系统采用 NTFS。NTFS 是一种非常灵活且功能强大的文件系统。

NTFS 使用了下列磁盘存储概念。

(1) 扇区。

(2) 簇。

(3) 卷。磁盘上的逻辑分区,由一个或多个簇组成,供系统分配空间时使用。一个卷包括文件系统信息、一组文件以及卷中剩余的可以分配新文件的未分配空间。一个卷可以是整个磁盘,也可以是部分磁盘,还可以跨越多个磁盘。NTFS 最大的一个卷为 2^{64} 字节。NTFS 不识别扇区,簇是最基本单位。结构如图 5.17 所示。

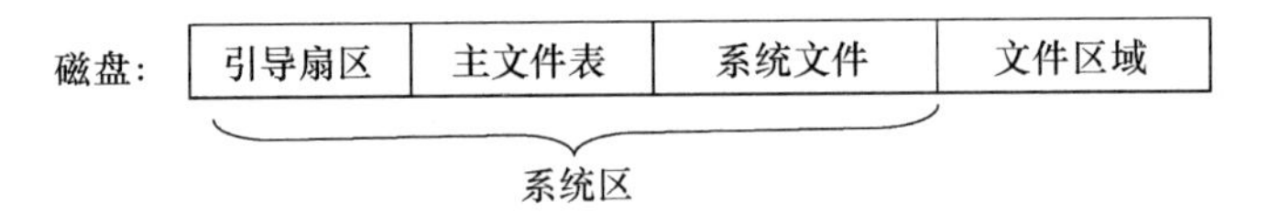

图 5.17 NTFS 的磁盘结构

主文件表(Master File Table,MFT)包含 NTFS 中所有文件和文件目录的信息以及关于可用的未分配空间的信息。MFT 是 Windows 2000 文件系统的核心,被组织成一个行数可变的表。行被称为记录,每一行描述该卷中的一个文件或文件目录,包括 MFT 本身,MFT 也被看做一个文件。

NTFS 可以在系统崩溃或磁盘失败后,把文件系统恢复到一致的状态。NTFS 的恢复能力的实质是记录法。每个改变文件系统的操作被当做一个事务处理。改变重要文件系统数据结构的事务的每个子操作首先被记录在日志文件中,然后再被记录到磁盘卷中。使用这个日志,可以使一个在系统崩溃时完成了一部分的事务在以后系统恢复时重做或取消。

5.4　文件的操作

文件系统为了方便用户，提供了一组专门的文件操作命令，具有相应权限的用户只要正确使用这些命令就能"通知"系统为其完成所需要的文件操作。这些命令包括：创建、打开、关闭、删除、读和写等。

5.4.1　创建文件

当用户要把一批信息作为文件保存在计算机系统中时，可以使用文件创建命令把文件名称和对新文件的属性要求提供给文件系统。创建命令格式如下：

```
create（文件名，访问权限，最大长度）
```

它的操作过程如下。

(1) 检查参数的合法性：文件名是否符合命名规则，若"是"则转到步骤(2)；若"否"则错误返回；

(2) 检查同一目录下有无重名文件，若"无"则转到步骤(3)；若"有"则错误返回；

(3) 检查在目录中有无空闲空间，若"有"，则创建成功，若"无"，则不成功返回。有的系统创建文件，要为文件申请数据块空间(申请一部分或一次性全部申请)，申请数据块空间需填写目录项内容，包括文件名，用户名，存取权限，长度置零(首址)等。

创建文件的实质是建立文件的FCB，并建立必要的存储空间，分配空FCB，根据提供的参数及需要填写有关内容，返回一个文件描述。创建文件的目的是建立系统与文件的联系。

5.4.2　打开文件

用户要访问已经存在的文件，必须先用文件打开命令将文件打开。打开命令格式如下：

fd＝open(文件路径名，打开方式)

它的操作过程是：

(1) 根据文件路径名查目录，找到FCB主部；

(2) 根据打开方式、共享说明和用户身份检查访问合法性；

(3) 根据文件号查系统打开文件表，检查文件是否已被打开，若"是"，则将共享计数加1，若"否"，则将外存中的FCB主部等信息填入系统打开文件表空表项，共享计数置为1；

(4) 在用户打开文件表中取一空表项，填写打开方式等，并指向系统打开文件表对应表项。

返回信息：fd：文件描述符，是一个非负整数，用于以后读写文件。

5.4.3　关闭文件

由于文件打开后，就要占用一部分系统资源，因此当不再使用文件时应该及时关闭文件。命令格式如下：

close(fd)

用户要关闭一个文件，只要用关闭命令把要关闭文件的文件名(或者文件号)告诉系统即可。系统接到关闭文件命令后，先把缓冲区中的内容复制到外存上，然后清除这个文件在内存中的目录和缓冲区。

5.4.4　删除文件

用户要删除(delete)一个文件，只要使用文件删除命令，而且在命令中提供文件名即可。

一般系统中不允许删除正处于打开状态的文件，在这种情况下，必须先关闭文件然后再删除。

5.4.5　读写文件

已被打开的文件，用户就可对其进行读写(read/write)。当然，这些操作必须和用户在文件打开命令中给出的使用方式一致，否则，系统就拒绝执行并且发出出错信息。如果用户要从文件中读取内容，那么只要通过文件命令提供文件名(或者文件号)和目标位置(要读到哪个位置)等参数，就能得到有关的内容。文件系统接到这样的命令，先到内存的活动目录表中找到这个文件的目录，当通过了对命令参数的合法性检查后，就找到这个文件的缓冲区。如果要读取的部分正好在缓冲区，那么就直接将它取到目标位置，不用访问外存，否则要先从外存中把要访问的内容调入缓冲区。可见，缓冲区的设立有利于减少对外存的访问次数，因为，在一个时间段内，对文件的访问一般集中在一定的局部范围内。

5.5　文件的共享和保护

5.5.1　文件的共享

文件的共享，是指一个文件可以被多个已授权的用户共同使用。它不仅减少了文件复制操作要花费的时间，也节省了大量的存储空间。

文件的共享有两种形式：一是任何时刻允许一个用户使用共享文件，另一种是允许多个用户同时使用同一个共享文件。

为了做到文件的共享，文件主不仅要指明哪些用户能够使用这个文件，哪些用户不能使用这个文件，而且还要指明可以使用该文件的用户的使用权限，即对该文件进行读、写、执行中的哪一种或几种。这些信息将记录在FCB中。

为了做到文件共享，共享的用户必须找到该文件。一种方法是从文件主那里把该文件的FCB复制到这个用户的目录中；另一种方法是“连接”法，先把文件的文件控制块分成两部分：一是“目录”，它里面只含文件名以及一个指向第二部分所在的指针；二是“属性”，它里面包含文件的磁盘地址、存取控制信息以及管理所需的信息。

5.5.2　文件的保护

许多用户共同使用一个计算机系统中的许多文件，如果管理不好，就会出问题。文件的共享、保密和保护是很重要的3个问题，它们又是相互关联的。不让未经允许的用户读取文件，这属于文件保密的范围。文件保护是指防止用户使用时或在其他情况下有意无意地破坏文件。这3个问题涉及哪些用户可以使用哪些文件,例如,文件File1只供用户A、B和C使用,文件File2只准B和D使用,等等,系统必须"记住"有关这方面的所有规定。更复杂的是,只记住"可不可以使用"还不够,还要记住使用的方式和程度。例如,A、B和C都可以使用文件File1,但A和C只能读取,B则可读可写。而且,这些规定又不应该是固定不变的。由于系统中的文件量和用户量都很大,因此,必须采用有效的办法,建立可靠的机构,才能保证万无一失地达到文件共享、保密和保护的要求。常用的方法有如下几种:

1. 限制使用权

这种方法通常将用户分成若干组,同组用户是指利用同一计算机系统合作处理问题的用户。用户的分组情况保存在系统中。于是,对于同一个文件,全体用户就可分为主人(创建文件的)、同组用户(与主人同组的)和其他用户3类,可以按需要规定3类用户的使用权限,并将这些规定存放在该文件的目录条中。文件使用权限可分为读(R)、写(W)、执行(E)和无权(N)。例如,如果在文件File1的目录中写着"RWE-REE",那么对于File1,文件主可读写可执行,同组用户可读可执行,但不可写,其他用户只能执行。当有用户请求访问这一文件时,文件系统根据保存的分组情况判断他是该文件的哪类用户,再对照文件目录条中保存的使用权限,确定是否允许这次访问。

2. 口令

由用户为自己的文件规定一个口令,附在文件目录中,但不会显示出来。用户使用这一文件时必须提供该文件的口令,只有当口令一致时才允许使用。因此,文件的主人必须将口令提供给允许使用该文件的用户。这种方法实现较容易,但是口令较容易泄露,更改口令又较麻烦,因此通常不采用此法直接保护文件,而只用来区别用户。

3. 加密

加密是对文件内容进行加密。例如,在保存文件时由文件主人提供加密密码,系统利用此密码通过加密算法把文件变换为密文,不限制任何用户读取密文,但不知道解密码的用户无法解读密文。因此这种方法最为安全。但是,由于加密和每次读时解密,增加了很多开销,影响了访问速度。

习题五

一、选择题

1. 文件系统的主要目的是(　　)。

A. 实现对文件的按名存取　　B. 实现虚拟存储

C. 提高外存的读写速度　　D. 用于存储系统文件

2. 位示图方法可用于(　　)。

A. 磁盘空间的管理　　B. 磁盘的驱动高度

C. 文件目录的查找　　D. 页式虚拟存储管理中的页面调度

3. 文件系统用(　　)组织文件。

A. 堆栈　　B. 指针　　C. 目录　　D. 路径

4. 存放在磁盘上的文件(　　)。

A. 既可随机访问又可顺序访问　　B. 只能随机访问

C. 只能顺序访问　　D. 必须通过操作系统访问

5. 文件系统中，设立打开文件系统功能调用的基本操作是(　　)，关闭文件系统功能调用的基本操作是(　　)。

(1) A. 把文件信息从辅存读到内存

B. 把文件的控制管理信息从辅存读到内存

C. 把文件的 FAT 信息从辅存读到内存

D. 把磁盘的超级块从辅存读到内存

(2) A. 把文件的最新信息从内存写入磁盘

B. 把文件当前的控制管理信息从内存写入磁盘

C. 把位示图从内存写回磁盘

D. 把超级块的当前信息从内存写回磁盘

6. 在记录式文件中，一个文件由称为(　　)的最小单位组成。

A. 物理文件　　B. 物理块　　C. 逻辑记录　　D. 数据项

7. 文件系统采用多级目录结构后，对于不同用户的文件，其文件名(　　)。

A. 应该相同　　B. 应该不同

C. 可以相同也可以不同　　D. 受系统约束

8. 为了允许不同用户的文件使用相同的文件名，通常采用(　　)的方法。

A. 重名翻译　　B. 多级目录

C. 文件名到文件物理地址的映射　　D. 索引表

9. 在目录文件中的每个目录项通常就是(　　)。

A. FCB　　B. 文件表指针

C. 索引节点　　D. 文件名和文件物理地址

10. 对一个文件的访问，常由(　　)共同限制。

A. 用户访问权限和文件属性

B. 用户访问权限和用户优先级

C. 优先级和文件属性

D. 文件属性和口令

二、填空题

1. 文件系统通常向用户提供的接口有(　　　　)接口和(　　　　)接口。

2. 采用直接存取法存取文件时，对(　　　　)文件效率最高，对(　　　　)文件效率最低。

3. 一个文件在使用前，必须先(　　　　)，使用后必须(　　　　)。

4. 某文件系统采用树形目录结构，树的节点分三类：根节点表示根目录，枝节点表示(　　　　)，而叶节点表示(　　　　)。

5. 目前认为逻辑文件有两种类型，即(　　　　)式文件与(　　　　)式文件。

6. 由文件名查找文件目录的过程叫(　　　　)。

7. 由若干文件目录组成的文件叫(　　　　　　　　　　)。

8. 连续文件的特点是逻辑文件中(　　　　　　)与存储器中(　　　　　　　　)的一致性,应为它分配连续的存储空间。

三、判断题

1. 流式文件是指无结构的文件。(　　)

2. 可顺序存取的文件不一定能随机存取;但是,凡可随机存取的文件都可以顺序存取。(　　)

3. 关闭文件操作要释放文件所占用的辅存空间。(　　)

4. 文件目录必须常驻内存。(　　)

5. 采用多级树形结构的文件系统,各用户使用文件必须定义不同的文件名。(　　)

6. 文件的物理结构是指文件中文件存储器上的存放形式。(　　)

7. 所谓直接存取法,就是允许用户随意存取文件中的任何一个逻辑记录。(　　)

8. 如果用户频繁地访问当前目录中的文件,则应该将目录放入内存。(　　)

9. 文件是一个具有符号名的一组有序信息的集合。(　　)

10. 从文件管理角度看,文件是由FCB和文本体两部分组成。(　　)

四、思考题

1. 什么是文件和文件系统? 文件系统的功能是什么?

2. 什么是“重名”问题? 如何解决该问题?

3. 建立多级目录的好处是什么?

4. 打开文件和建立文件的主要区别是什么?

5. 实现文件安全控制的常用方法有哪些?

第6章 设备管理

【本章导读】 设备管理是操作系统中的重要组成部分，其管理任务纷繁复杂。由于现代计算机系统的外部设备越来越多样化和复杂化，要在这些外部设备与CPU或内存之间进行数据传送，就应当由操作系统来对外部设备实施很好的管理，使得用户能够方便地使用各种外部设备。

本章主要介绍计算机外部设备的分类，外部设备与计算机核心设备之间的数据传送的方式，与设备分配相关的内容，以及在设备管理中应当了解的一些相关重要技术各设备驱动程序等内容。

6.1 概 述

计算机外部设备是指在一完整的计算机系统中，除了CPU和内存这样的核心设备之外的硬件设备。通常称作外设。常见的计算机外部设备包括输入/输出设备、外部存储设备以及一些终端设备等。而计算机的外部设备并不是缺一不可的，用户可根据自己对于计算机不同的需求配备相应的外设。例如：用户可以为计算机配上一台光驱以及声卡和音箱来满足多媒体视听的要求。安装了调制解调器就可以通过电话线连接到Internet了。

计算机外部设备的管理是由操作系统来完成的，对于不同的外设，应该使用相应的程序进行控制。有些外设之间的硬件特性相近，控制它们的程序也相差不大。我们可以将这些设备归为一类进行管理。将外设分类是为了更方便有效地对外设进行管理，也可简化设备的管理程序。

6.1.1 计算机外部设备的分类

计算机外部设备复杂多样，一般而言，不同的用户都根据自己的需求配备相应的不同外设。但有些设备对一个计算机系统来讲一般是不可缺少的，如键盘与显示设备，它们是计算机系统最基本的输入/输出设备。常见的计算机外部设备还有磁盘驱动器、鼠标、打印机、扫描仪、声音输入/输出设备等。

计算机外部设备的分类不能一概而论，从不同的角度，不同的功用，就应该有相应的不同划分。例如键盘这个外设，它既属于系统设备，也是输入设备中的一种。

1. 按从属关系划分

按计算机外部设备的从属关系划分，计算机外部设备可以划分为系统设备与用户设备两大类。

(1) 系统设备：操作系统生成过程中，系统能自己发现并纳入自己的管理范围之中，操作系统安装完成后应能正常使用的设备称作系统设备。在操作系统的安装过程中，操作系统就要对这些系统设备进行配置。这些设备应该是标准的，要能被系统所识别并进行自动配置。所以，系统设备也可称为"标准设备"。常见的计算机系统设备有：磁盘驱动器、显示器、键盘、光驱等。

(2) 用户设备：用户设备指系统设备之外的非标准设备。在操作系统安装过程中，系统不能对这类设备进行自动配置。由用户在系统安装完成后自选配置，也就是我们常说的安装设备的驱动程序。只有在操作系统中安装了相应的设备驱动程序，操作系统才能接纳这些设备，并将设备纳入自己的管理范围。这样，操作系统就能对设备进行管理。计算机设备中的大多数都可以归入用户设备类，所以计算机用户设备也是最为复杂多样的。调制解调器、图形扫描仪、网络适配器(网卡)等都属于计算机用户设备。

2. 按分配方式划分

按计算机外部设备的分配方式划分，计算机外部设备可以划分为独享设备，共享设备和虚拟设备。

(1) 独享设备：所谓独享设备，是指这类设备一旦分配给某个作业或用户进程使用，只有等到它们使用完毕后并交出使用权，其他的作业或进程才有可能从主机那里重新分配到该设备的使用权。独享设备之所以要采取这样的工作方式，是因为大多数独享设备的工作速度都较慢。作业或用户进程在一次使用过程中独占一个设备是为了保证信息传送的连续，不至于出现混乱。我们常用的打印机就是一种典型的独享设备。假如有两份准备好的Word文档需要打印，首先单击Word中的"打印"按钮打印其中的一份文档，这时打印机开始工作。与此同时，打开第二份文档，也单击"打印"按钮，第二个打印任务只能进入打印队列等待，只有当第一项打印任务完成后才能开始第二项打印任务。独享设备除了打印机外，常见的还有键盘、鼠标等。

(2) 共享设备：共享设备是指某类设备可以由几个用户进程同时地对它们进行读或写等操作。这种同时的操作是指从宏观上来看是同时的，实际上是通过主机的控制，几个不同用户进程交替地使用同一个设备。大多数共享设备的速度都是非常快的，再加之能够由几个不同用户进程在宏观上同时使用，所以，共享设备的利用率很高，在主机的控制下能发挥出设备的最大潜能。大家熟知的计算机硬盘就是一种典型的共享设备。用户可以一边播放存储在硬盘上的视频剪辑一边往硬盘上复制其他文件。

(3) 虚拟设备：虚拟设备是指在大容量辅助存储器的支持下，采用SPOOLing技术，把独享设备进行相应的"改造"，使之成为可以共享的设备。由于这种被改造了的设备实际上是不存在的，于是就把它们称为"虚拟设备"。

3. 按工作特性划分

按计算机外部设备的工作特性划分，计算机外部设备可以划分为存储设备、输入设备和输出设备。

(1) 存储设备：在使用计算机的过程中，有的信息最好是能够长期保存并可以随时访问的。为了适应这样的需求，存储设备便应运而生。硬磁盘、光盘以及早期的磁带机等设备都是存储设备的典型代表，它们都能够较长时期地保存信息并供人们随时访问。上述存储设备与内存相比，存取速度要慢些，但容量可以比内存大。存储设备也可以称作外部存储器或辅助存储器。

（2）输入设备：计算机不可能直接识别人类的语言或思想，人们要传递给计算机的信息就必不可少地要通过计算机输入设备送达主机。由于计算机内部只能使用机器代码，所以计算机输入设备还要完成译码的工作，也就是说计算机输入设备应把人们要传递的信息译成计算机内部能识别的特定的编码，才能为计算机所接受。键盘、鼠标、手写板、麦克风等都属于计算机输入设备。

（3）输出设备：计算机输出设备是主机将信息的处理加工结果告知计算机的使用者或其他计算机的设备。与计算机输入设备相反，把主机内部的机器代码直接输出是不便于人们识别的，所以输出设备应当把输出的信息转换成为便于人们识别的形式。打印机、显示器、绘图仪等都是计算机输出设备。

4. 按信息传送单位划分

按计算机外部设备与主机之间的信息传送单位划分，计算机外部设备可以划分为字符设备和块设备。

（1）字符设备：字符设备是以字符为单位来处理信息的设备。以字符为信息处理单位，对于慢速设备如键盘、打印机等来说，可以保证信息都能得到及时处理和不至于丢失。

（2）块设备：块设备与主机之间的信息交换以“数据块”为单位。主机通常是首先向块设备发出读（写）数据的指令，然后一次性读（写）一批数据。这种方式可以快速地处理大量数据。块设备的典型代表是硬盘。

对计算机外部设备类别的划分，还可以按照设备是否支持即插即用（PnP）分为即插即用设备和非即插即用设备；按照设备的读/写物理特性分为顺序存储设备和随机存储设备；按照设备数据接口的传输方式分为并行传输设备和串行传输设备等。

6.1.2 设备管理的功能与目标

设备管理是操作系统通过相应的程序实现对设备的输入输出等操作，设备管理应当能完成如下的操作，即设备管理的功能。

（1）使设备能使用相应的设备驱动程序。要正常使用计算机设备，除了要对设备进行正确的硬件连接，还要有相应的设备驱动程序。有的设备操作系统能自动识别并安装驱动程序，有的设备的驱动程序操作系统中包含但用户要自行安装，而有的设备则要由用户自己提供并安装。安装好设备的驱动程序后，设备管理要完成的功能之一就是把这些设备驱动程序提供给相应的设备，使设备在使用中遵循一定规则而不至于出现混乱。

（2）对设备进行分配与回收。在系统处于多道程序环境，多个用户进程同时处于活动状态，各个进程都可能有使用同一设备的需求的情况下，设备管理程序应根据一定的规则，把设备分配给某个进程。一些进程可能已经提出使用设备的申请，但由于设备正在使用，不能立即分配，此时，设备管理程序就应当进行管理，将提出设备使用请求而又不能立即分配到设备的进程按照一定的优先权组成设备使用队列，按处于队列中的先后次序等待。当设备暂时不使用时，管理程序就要收回，以备下次再用。无论设备的“忙”与“闲”，管理程序都要有相应的记录，一旦有进程对设备的使用请求，管理程序要么立即分配给进程使用，要么让进程进入等待队列。

（3）提供 I/O 界面，实现 I/O 操作。计算机操作者使用设备，应当由设备管理提供一个能提出请求的界面,使用者通过这个界面把请求传达给设备管理程序。设备管理程序还要能够根据传来的请求进行相应的I/O操作,并把结果反馈给设备使用者。

(4) 进行缓冲区的管理。计算机CPU的处理速度比一般外设都要高出很多。外部设备的速度较低阻碍了CPU的高速运行,CPU不得不用更多的时间来等待外部设备的就绪,这就大大降低了CPU的处理效率。为解决这一矛盾,系统从内存中划分出一定的空间作为缓冲区,CPU和设备之间以缓冲区为"中转站"来传输数据。设备缓冲区这个特殊的空间的管理是设备管理的又一大功能。

6.2 外部设备输入/输出控制方式

外部设备输入/输出控制方式直接影响设备与主机以及设备之间交换数据的速度。前面已提到,CPU的处理速度是大大高于外部设备的,如果CPU花太多的时间去等待外部设备的就绪,就会很大程度地降低CPU的处理效率。外部设备采取何种输入/输出控制方式,如何提高CPU与外部设备之间的并行速度是一个亟待解决的问题。外部设备与CPU之间并行度的提高也是整个计算机系统技术发展的一个重要标志。CPU与外部设备的并行度越高,CPU的处理效率就会更好。外部设备输入/输出控制方式也随着计算机技术的发展而不断发展。总的来说,外部设备输入/输出控制方式主要有程序直接控制方式、中断控制方式、直接存取(DMA)控制方式和通道控制方式。

6.2.1 程序直接控制方式

程序直接控制方式也可称为应答输入/输出方式或状态驱动输入/输出方式,它是由用户进程直接控制内存或CPU各外部设备之间的数据传输。在这种方式中,用户进程是控制者。

CPU与设备之间的数据交换是由设备控制器来完成的,换句话说,CPU对输入/输出设备发出的指令,首先由输入/输出设备控制器接收,再由输入/输出设备控制器去控制设备完成指令所要求的操作。在程序直接控制方式下,设备控制器中能发挥作用的寄存器主要有命令寄存器、数据寄存器和状态寄存器。

(1) 命令寄存器:命令寄存器用于保存来自CPU的指令及参数。

(2) 数据寄存器:数据寄存器是用于存放要传输数据的标记的。输入设备把所要输入的数据标记送入该寄存器,由CPU读取;相反,输出设备若有数据要输出,则先把数据标记送入该寄存器,再由输出设备输出。

(3) 状态寄存器:状态寄存器记录的是设备当前所处状态,主要有忙/闲标志位和是否完成一次操作的标志位。对于输入设备,在启动输入后,设备把数据标记读到数据寄存器后,状态寄存器则处于"完成"状态;对于输出设备,在启动输出后,如果数据寄存器做好了接收数据的准备,则状态寄存器处于"就绪"状态。

当某一用户进程要求进行数据的输入/输出操作时,由CPU发出启动设备准备数据输入/输出的开始指令,可记为Start,另外,CPU还要发出用于测试设备控制器中状态寄存器状态的指令,可记为Test。

在程序直接控制方式下，一次完整的输入/输出操作是这样的：CPU发出Start指令，用户进程进入等待状态，如果发出Test指令后测试到设备状态寄存器为“完成”状态，则表明设备已完成了数据传输的准备工作，这时，设备就可以进行数据传输。相反，当用户进程需要向设备输出数据时，也同样发出Start指令启动设备并进入等待状态，待发出Test指令测试到状态寄存器为“完成”时才能输出数据。程序直接控制方式的控制过程如图6.1所示。

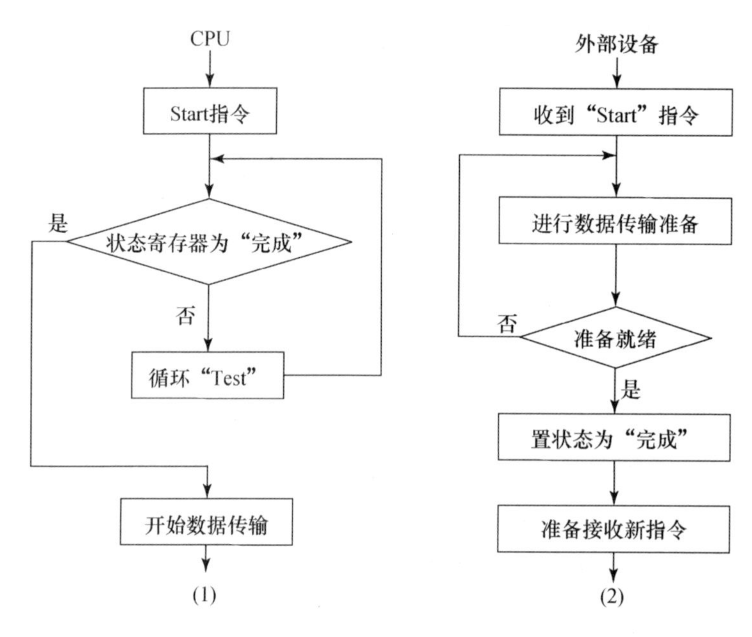

图6.1　程序直接控制输入/输入

程序直接控制方式较为简单，主要的步骤有启动设备、数据传输、输入/输出管理和一些后续工作等。这种方式也不需涉及很多的硬件，可以说是简单易行，但在这种方式下，CPU的效率不是很高，CPU与设备之间只能以串行方式工作，由于CPU的处理速度大大高于外部设备，所以CPU在较长时间内都处于等待和空闲状态，另外，CPU在同一时间段内只能和一台外部设备交换数据，无法实现设备之间的并行工作。因为程序直接控制方式存在上述一些缺点，所以，程序直接控制方式只适用于设备较少和CPU速度较慢的系统。这种方式现在使用已不是很广泛。

6.2.2　中断控制输入/输出方式

中断是指CPU暂时中止正在执行的程序而转去处理特殊事件的操作。引起中断发生的事件称为“中断源”，计算机的一些异常事件或其他内部原因可能引起中断，更多的中断源是来自外部设备的输入/输出请求。程序运行过程中产生的中断或由CPU的某些错误(如除零错误)产生的中断称为“内部中断”；由外部设备控制器引起的中断称为“外部中断”。

为了减少程序直接控制方式中CPU的测试和等待时间，提高系统并行处理的能力，可以利用设备的中断功能来控制设备的数据传输。在中断控制输入/输出方式下，要求CPU与设备控制器之间有一条中断请求线路，并且要在设备控制器中的状态寄存器中增设“中断允许位”标志。如图6.2所示。

以数据输入为例，中断方式下数据输入大致可以分为如下几个步骤：

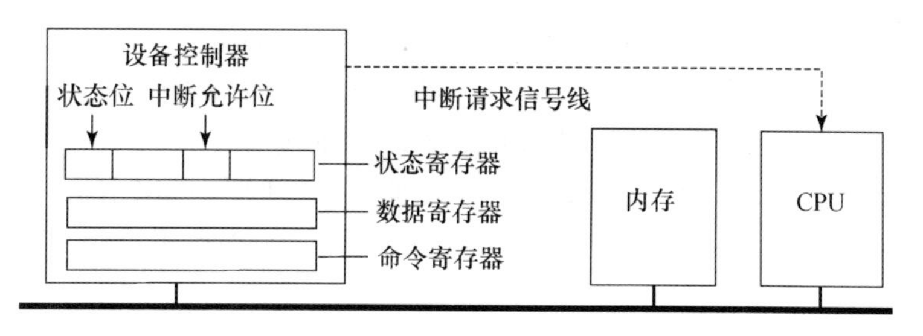

图6.2 中断方式的数据传输结构

(1) 进程需要进行数据传输时,CPU发出Start指令,一方面启动需要的外部设备,另一方面将该设备控制器中状态寄存器里的中断允许位置为“1”(表示允许中断),产生中断后,就可以调用相应的中断处理程序。

(2) 发出输入请求的进程由运行状态转入阻塞状态,直到输入操作过程的完成。这时,进程调度程序等到控制权,并将CPU分配给别的进程使用,在外部设备进行输入操作的同时,CPU也可以运行与输入/输出无关的进程程序。这样,就实现了设备与CPU的并行工作。

(3) 进行的输入/输出操作完成时,设备控制器通过中断请求线向CPU发出中断信号,CPU接收到中断请求信号后,转向已设计好的设备中断处理程序,对数据的传输进行相应的处理。

(4) 在被阻塞的进程所提出的输入/输出请求全部完成后,进程被解除阻塞,改变状态为“就绪态”,以便进行后面的工作。

中断控制方式下的输出处理过程可以仿照上述输入处理过程来描述。中断控制方式的处理全过程如图6.3所示。

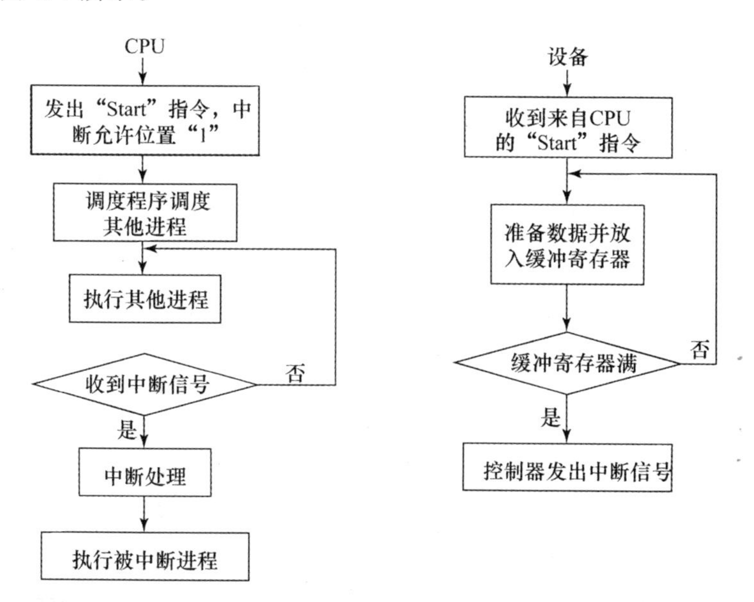

图6.3 中断控制方式的处理过程

当CPU发出启动设备和允许中断的指令之后,与程序直接控制方式不同的是,中断方式没有循环测试状态控制寄存器的状态是否为"完成"。并且 CPU 可以由调度程序分配其他进程进行处理等操作。当设备将数据送入缓冲寄存器并发出中断信号后，CPU 接收中断信号进行中断处理。由此可见，CPU 在其他进程进行处理等操作时，也可以发出启动其他设备和允许中断的指令，从而做到设备与 CPU 之间以及不同设备之间的并行操作。

中断方式与程序直接控制方式相比，尽管中断方式能够支持多道程序和设备的并行操作，使 CPU 的利用率大大提高，但中断方式仍然存在不少的问题。输入/输出控制器的数据缓冲寄存器装满数据后会发生中断，而数据寄存器缓冲往往较小，因此，在一次传送过程中，会产生多次中断。中断次数多就会占用大量的 CPU 处理时间。所以中断方式并不是一种经济的方法。另外，先进的计算机系统通常配置有各种各样的外部设备，如果有较多的设备都是采用中断方式进行并行操作，就会由于中断次数的大幅度增加而造成 CPU 响应中断，这样会导致数据丢失。还应指出的是，前面讲过程序直接控制方式适用于速度较低的外部设备，我们也是在假设外部设备速度较低的前提下来讲中断方式的，事实上中断方式也是只适用于速度较低的外部设备。如果外部设备的速度也非常高(硬盘的速度就很高)，那么，设备把数据放入数据缓冲寄存器并发出中断信号后，CPU 就没有足够的时间在下一组数据进入数据缓冲寄存器之前取走数据，这种情况同样会导致数据丢失。要解决这种矛盾，可以采用 DMA 方式和通道控制方式。下面将分别介绍这两种方式。

6.2.3 直接存储器存取方式

直接存储器存取方式也就是常说的 DMA(Direct Memory Access)方式。采用 DMA 方式的设备，在外部设备与内存之间建立有直接数据通路，在外部设备和内存之间可以直接读写数据，它们之间进行数据传送的基本单位是数据块。数据块的传输过程是在 DMA 方式之下完成的。CPU 在一个或一组数据块传输之前对控制器进行初始化工作，传输结束后 CPU 要进行中断返回。在数据传输期间则无须 CPU 的干预。

DMA 方式下的设备应当具备 DMA 控制器，DMA 控制器主要包括数据寄存器、控制状态寄存器、内存地址寄存器和字节计数器。在数据传输之前，将根据指令对寄存器进行初始化。每传输一个字节，地址寄存器内容自动增 1，字节计数器自动减 1。DMA 控制器结构及数据传输结构如图 6.4 所示。

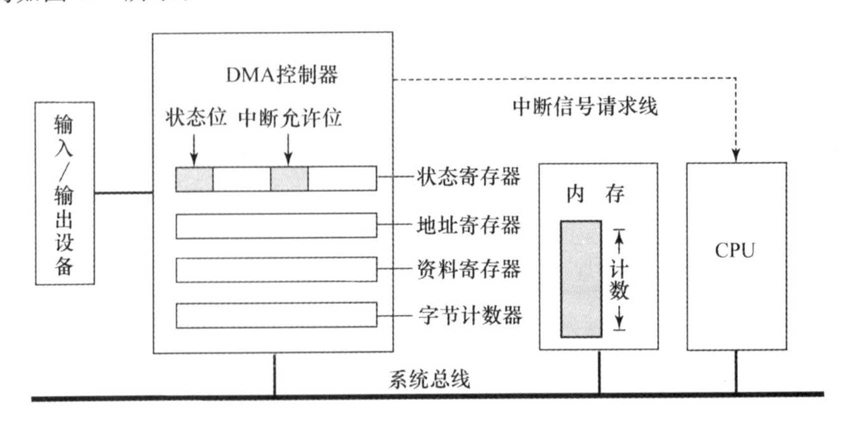

图 6.4 DMA 方式的传送结构

DMA方式下的数据输入处理过程如下：

(1) 当进程要求设备输入数据时，CPU要对DMA进行初始化，将准备存放输入数据的内存起始地址送入DMA控制器的内存地址寄存器，要传送的字节总数送入DMA控制器的传送字节计数器，把允许中断位和启动位为1的一个控制字装入控制寄存器，从而启动DMA控制器开始进行数据传输。

(2) 要求输入数据的进程进入等待状态，进程调度程序调度其他进程运行。

(3) 整个数据传输都由DMA控制器进行控制。当输入设备把一个数据送入DMA控制器的数据缓冲寄存器后，DMA控制器立即取代CPU，接管地址总线的控制权，根据送入DMA控制器的内容，将数据送入相应的内存单元，这种特殊的方式称为“窃取”CPU的工作周期。

(4) DMA控制器硬件自动将传送字节寄存器的内容减1，把内存地址寄存器的内容加1，并恢复CPU对内存的控制权。接下来重复执行(3)和(4)的操作，直到传送字节寄存器的内容为0为止。传送字节寄存器的内容为0表明要求传输的一批数据已全部传完。

(5) DMA向CPU发出中断信号，并停止输入/输出操作。

(6) 中断处理结束后，CPU返回到被中断的进程并进行一些善后处理。随之结束本次输入请求。图6.5为DMA数据输入处理过程。

尽管DMA方式在数据传输过程中也要用到中断，但DMA方式与前面讲到的中断输入/输出方式还是有很大的不同，一方面DMA方式在占用CPU的时间上要远远小于中断输入/输出方式，以及在数据传输效率上要优于中断输入/输出方式；另一方面，DMA仅限于数据块的输入/输出操作，但中断方式除了可用于输入/输出数据，还可以用于设备的故障诊断，应用相对广一些。

(1) DMA方式只有在所要求传送的数据块全部传送结束时，才要求CPU进行中断处理，而中断方式则是只要数据寄存器满，就发出中断请求，所以DMA方式大大减少了CPU进行中断处理的次数。

(2) 采用DMA控制方式，数据传输是在DMA控制器的控制之下进行的，提高了设备与CPU之间的并行度。而中断方式将数据送到内存，是CPU进行中断处理时进行的。

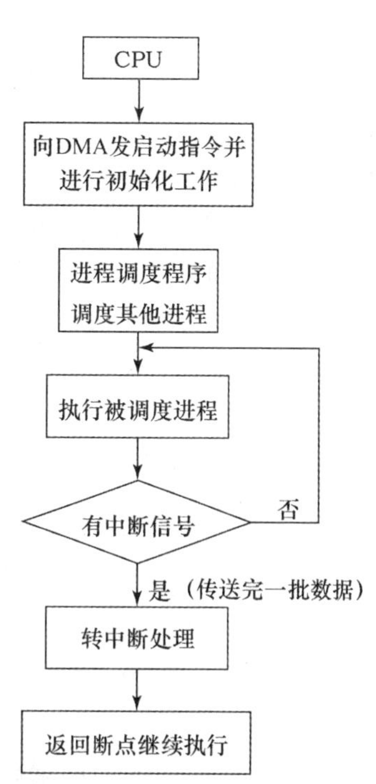

图6.5　DMA数据输入处理过程

在DMA方式下的数据传输过程中，若遇到错信号或是收到新的启动输入/输出指令，同样可中断现行程序，进入服务程序。而中断除了对DMA控制器工作前及工作后提供服务外，还可以通过测试DMA的状态或中断条件，对DMA及有关设备控制器进行监控。由此可见，DMA方式和中断在实际的应用中是可以并存的。

在小型和微型计算机系统中，采用中断和DMA两种方式进行数据的输入/输出控制是行之有效的，特别是DMA输入/输出控制方式，在很大程度上实现了CPU和外设的并行。

但对于大中型计算机系统而言,采用 DMA 方式并不很合理。原因如下:

(1) 大中型计算机的外设数量众多,如果为这些外设都配置 DMA 控制器,硬件的成本将大幅度增加。

(2) 每台外设的 DMA 控制器都需要 CPU 用较多的输入/输出指令进行初始化,对 CPU 来说是一种浪费。

(3) 由于 DMA 控制器实际上是使用窃取 CPU 工作周期的方法进行工作的,它工作时,CPU 将被挂起,从而降低了 CPU 的效率。

因此在大中型计算机系统中,需要更加独立的数据传输控制方式。

6.2.4 通道方式

DMA 方式能够满足高速数据传输的需求,但它是通过"窃取"CPU 工作周期的方法进行工作的,CPU 在 DMA 控制器工作时是被挂起的,所以并非设备与 CPU 在并行工作。这种方式对大中型计算机系统显然不合适。

通道方式能够使 CPU 彻底从输入/输出中解放出来。当用户发出输入/输出请求后,CPU 就把该请求全部交由通道去完成。通道在整个输入/输出任务结束后,才发出中断信号,请求 CPU 进行善后处理。

1. 通道的概念

通道是一个外独立于 CPU 的专管输入/输出控制的处理机,它控制设备与内存直接进行数据交换。由于通道本质上是处理机,所以它有自己的一套指令系统,这套指令系统比较简单,称为通道指令。每条通道指令规定了设备的一种操作,通道指令序列便是通道程序,通道执行通道程序来完成规定的操作。

从硬件的特性上来讲,通道处理机具有与 DMA 控制器类似的硬件结构,由寄存器群控制部分组成。寄存器部分有:数据寄存器、内存地址寄存器、传输字节寄存器、通道命令寄存器和通道状态寄存器。控制器部分有:分时控制、地址分配、数据传送等控制。

2. 通道的种类

通道的种类如图 6.6 所示,通道可分为字节多路通道、选择通道和数组多路通道。

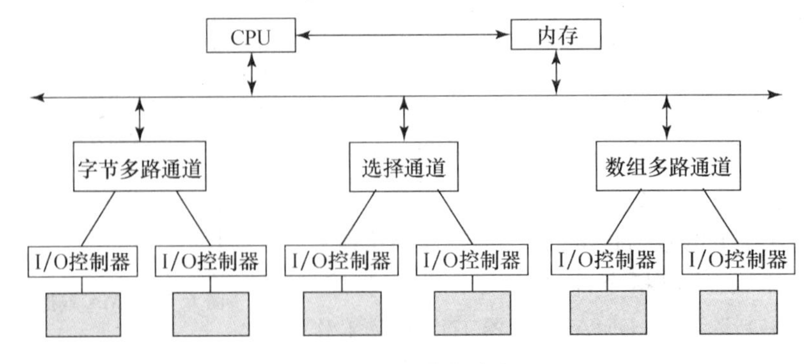

图 6.6 通道的种类

- 字节多路通道:字节多路通道是一种简单的共享通道,主要为多台低速或中速的字符设备服务。字节多路通道以字节为传输单位,可以分时地执行多个通道程序。当一个通道程序控制某台设备传送一个字节后,通道硬件就转去执行另一个通道程序,控制另一台设备的数据传输。

● 选择通道：选择通道采用开关来控制对高速外设的选择，在一段时间内单独为一台外部设备服务。一旦选中某一台设备，通道就进入“忙”状态，直到该设备的数据传输工作全部结束。然后再选择另一台外设为其提供服务。

● 数组多路通道：数组多路通道分时地为多台外部设备服务，每个时间片传送一个数据块。可以同时连接多台高速存储设备。因此数组多路通道能够充分发挥高速通道的数据传输能力。

3. 通道工作过程

CPU 根据进程的输入/输出请求，形成有关通道程序，然后执行输入/输出指令启动通道。处理机运行 CPU 存放在内存中的通道程序。独立负责外设和内存之间的数据传输。当整个输入/输出过程结束，才向 CPU 发出中断请求。CPU 响应中断，进行关闭通道、记录相关数据等工作。

采用通道方式，CPU 在很大程度上摆脱输入/输出工作，大大增强了 CPU 和外设的并行处理能力，有效地提高了整个计算机系统的资源利用率。

4. 通道和 DMA 控制器的区别

通道和 DMA 控制器有下面一些区别：

(1) DMA 控制器是借助硬件完成数据交换的，而通道是通过执行通道程序来完成数据传输的。

(2) 一个 DMA 控制器只能连接同类型外部设备，如果有多台同类型外部设备连接在一个 DMA 控制器上，则它们只能是以串行方式工作。一个通道可以连接多个不同类型的设备控制器，而一个设备控制器又可以管理一台或多台外部设备，这样多台外部设备均可在通道控制器的控制之下以并行方式同时工作。

(3) DMA 控制器需要 CPU 对多个外部设备进行初始化操作(包括 DMA 控制器本身)。在通道方式下，CPU 只需发出一个输入/输出指令启动通道，由自己完成对计算机外部设备的初始化。

6.3 设备分配

在现代计算机系统中，外部设备的数量较多，而设备控制器、通道等资源往往有限，对多个请求使用设备的进程，设备管理应能进行合理、有效的设备分配。

6.3.1 设备分配中的数据结构

为了能进行设备的分配，必须事先知道系统中所有设备的基本情况，所以，需要建立相应的数据结构以记录设备的相关信息。为了适应不同的计算机系统，除了要分配给进程使用的设备，还应包含与这些设备对应的控制器和通道。为此，系统需要建立 4 个数据结构：设备控制块(DCB)、控制器控制块(COCB)、通道控制块(CHCB)、系统设备表(SDT)。设备分配的数据结构如图 6.7 所示。

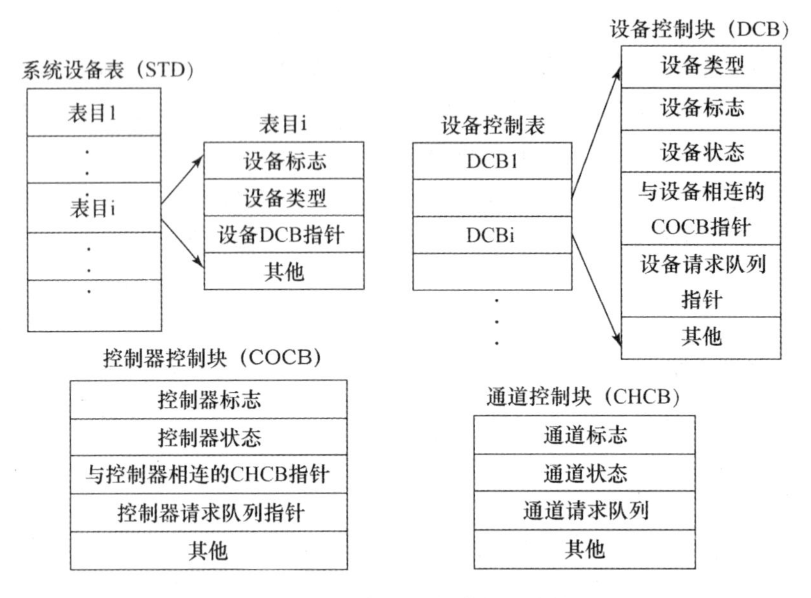

图 6.7 设备分配中的数据结构

1. 设备控制块(DCB)

与 PCB 和 JCB 相似,系统为每个设备建立了一个 DCB,主要用于记录该设备的各种基本情况。DCB 一般是在系统生成时或系统连接时创建的。DCB 中的主要内容如下。

- 设备类型:指明该设备的类别,如字符设备、块设备、网络设备等。
- 设备标志:系统根据设备标志中的内容识别设备的名称,设备标志中记录的是设备的物理名称。
- 设备状态:无论设备是“忙”还是“闲”,设备状态中都有相应的记录。
- 与设备连接的控制器控制块指针:指向与之相连的控制器控制块,如果是多通道的输入/输出系统,即一台设备可以连接到多个控制器上,则要把所有与之相连的控制器控制块的地址填进去。
- 设备请求队列:等待使用该设备的所有进程将被放入等待队列中,该项就指向了这个队列首进程的 PCB。
- 其他:设备的地址等。

不同的系统,DCB 包含的内容也不尽相同,而且 DCB 中的内容也会根据系统执行情况而被修改。为了给管理带来更多的方便,系统往往是把所有的 DCB 放在一起,进而构成一张设备控制器表。

2. 控制器控制块(COCB)

在 COCB 中,控制器标志指控制器的物理名称,控制器状态是指无论控制器是忙还是闲,与控制器连接的通道控制块指针都指向控制器所连接的通道控制块,当然,如果采用的是 DMA 方式,由于不需要通道,也就没有通道控制块指针。控制器请求队列指针指向该控制器的等待队列首部。

3. 通道控制块(CHCB)

在 CHCB 中有通道标志、通道状态、通道请求队列指针及其信息等。如前所述,只有采用DMA方式,CHCB才存在。

4. 系统设备表(STD)

整个系统有一张STD,在STD中,存放着系统中的所有设备,每个设备占用一个表目,其中的内容有设备标志、设备类型、设备DCB指针以及该设备驱动程序的入口地址等。

系统通过DCB、COCB、CHCB和SDT这些数据结构进行记录各种设备,再采用合理而适当的分配策略和算法来对设备实施有效的设备分配。一个进程只有经过系统的设备分配,获得了通道或控制器以及所需的设备后,才具备进行输入/输出操作的物理条件。

6.3.2 设备分配思想

1. 设备分配原则

设备的分配应当根据设备的特性,用户的需求以及系统中设备配置状况来决定,设备分配的总体原则就是要求做到在设备分配中既充分发挥设备的利用效率,尽可能地让设备忙,还应当避免由于不合理的分配方法造成进程死锁;另外还要做到把用户程序和具体物理设备隔离开来,让用户程序面对逻辑设备,而分配程序在系统把逻辑设备转换成物理设备之后,再根据要求的物理设备号进行分配。

2. 设备分配方式

一个用户进程在一次运行的全过程中,大多数情况下会用到多个设备。在进程运行前就把所需设备全部分配给这个进程,直到整个进程被撤销才释放这些设备的设备分配方式称为静态分配方式;在进程运行过程中,通过系统调用提出使用设备的请求,系统根据适当的分配策略和算法,为这个进程分配所需的设备,进程使用完这个设备后,立即释放出来以便分配给别的进程,这种设备分配方式称为动态分配方式。

对于单用户单任务的操作系统而言,任何时候只有一项作业在运行,不存在设备的争夺,完全采用静态分配方式分配系统中的设备。它的优点是不会产生死锁,因为它破坏了产生死锁的“部分分配”条件。

在Windows 98、Windows NT、UNIX等多任务操作系统中,多个进程并发执行,如果采取静态分配的方式,则设备的使用效率会大大降低。采用静态分配方式分配给某个进程的设备,即使设备已不使用了,但由于进程没有完成,其他要使用这个设备的进程就不得不等待。这样就不适应设备的分配原则,因此在多任务操作系统中要尽可能地采用动态分配方式,提高设备的利用率。

3. 设备分配算法

当有几个不同进程提出使用同一设备的请求时,应该如何分配设备才合理?系统在这种情况下分配设备常常用到下面几种策略:

(1) 先来先服务

当多个进程对同一台设备提出使用请求时,根据进程对某设备提出使用请求的时间先后顺序,将这些进程控制块组成一个设备请求队列,处于队首的进程最先获得对设备的使用。这就是所谓的先来先服务。

在打印机打印文件的过程中,如果有多个文档申请打印,系统会将所有提出打印请求的文档按照请求的时间先后顺序,放入打印队列中,然后依次打印。

(2) 优先级高者先服务

优先级高者先服务的分配策略与进程调度的优先算法相似。进程的优先级高,它的输入/输出请求就能得到优先的满足。如果进程的优先级相同,则按先来先服务的策略分配设备。所以,优先级高者先服务策略把请求设备的输入/输出请求命令按进程的优先级组成队列,保证在该设备空闲时,系统能从输入/输出请求队列的队首取下一个具有最高优先级进程发来的输入/输出请求命令,并将设备分配给发出命令的进程。

4. 设备分配过程

在一个有通道的计算机系统中要实现对独占设备的分配,系统首先为进程分配合适的设备,然后分配控制器,再分配通道。整个分配过程必须按照一定的流程来进行。设备分配的过程如图 6.8 所示。

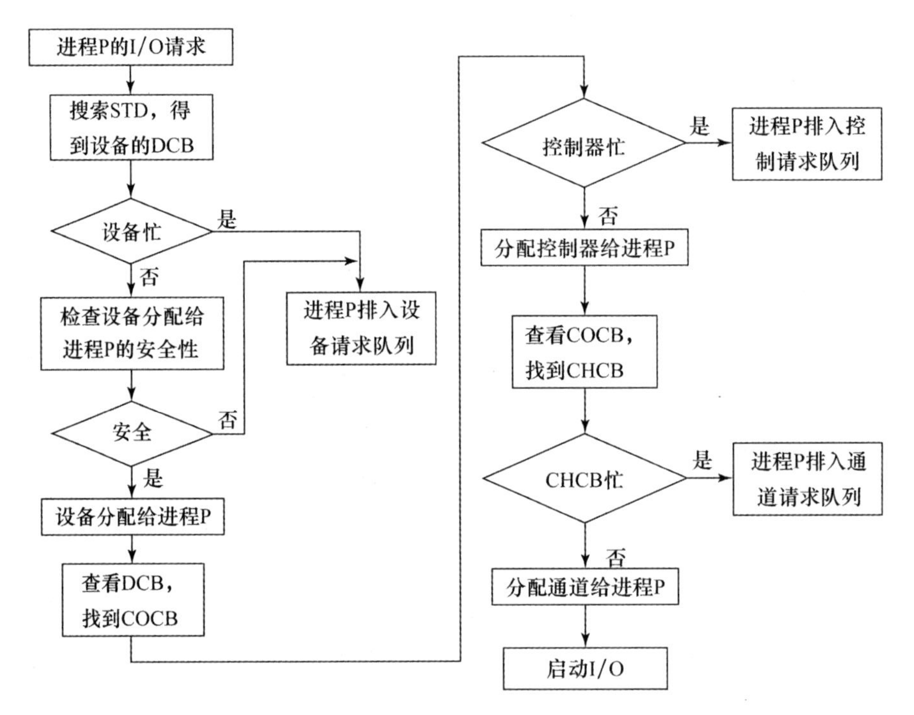

图 6.8 设备分配过程

(1) 分配设备

当进程提出使用输入/输出设备请求,首先根据设备名,去查找系统设备表 SDT,以获得该设备的 DCB。

得到该设备的 DCB 后,查看 DCB 中的设备状态。若设备忙,将进程 P 排入设备请求队列。

为防止死锁的产生,即使设备是空闲的,系统还是要根据一定的算法,判定分配此设备给进程是否安全。若不安全,则将进程 P 排入设备请求队列。

只有设备是空闲的,并且分配是安全的,设备才会分配给进程。

(2) 分配控制器

从设备的 DCB 中,找到与此设备连接的 COCB。

从 COCB 中查看控制器是否忙,若控制器忙,则将进程 P 排入控制器请求队列。若控制器不忙,则可将控制器分配给进程 P。

(3) 分配通道

通过控制器的 COCB,找到与之相连的 CHCB。

查看通道状态是否忙,若不忙,就要将通道分配给进程 P 使用;若忙,将进程 P 排入通道请求队列。

在设备分配程序中,进程是以物理设备名提出输入/输出请求的。事实上进程应采用逻辑设备名来提出请求,以保证设备独立性。因此,系统要将逻辑设备名和分配到的系统设备物理名填入逻辑设备表(Logical Unit Table,LUT),这样,就建立了逻辑设备名和物理设备名的对应关系,实现了逻辑设备名到物理设备名的转换。

在多用户系统中,每个用户进程都有一张 LUT,该表在用户进程的进程控制块中,这样,当需要再利用逻辑设备名请求输入/输出操作时,系统通过查 LUT,就可以找到对应的物理设备。

6.3.3 SPOOLing 技术

计算机系统在分配使用独占设备的过程中,如果分配算法不合理,就可能会造成系统的死锁,原因在于进程申请到了独占设备后,在使用完成之前,不会归还该设备。这时,别的进程将无法使用该设备。如果这个进程此时又要申请其他进程占有的资源,系统就有死锁的危险。面临这种情况,要是我们能够把原来的独占设备改造成为共享设备,就能解决上述问题。SPOOLing 技术可以实现将独占设备虚拟成共享设备。现代操作系统都支持 SPOOLing 技术。

SPOOLing 的全称是 Simultaneous Peripheral Operation On-Line(外部设备联机并行操作),也称为“假脱机技术”。SPOOLing 技术最初是用于解决慢速字符设备与高速的计算机 CPU 速度不匹配的问题的,它是一种用来均衡数据处理速度的输出技巧,与使用缓冲区的技术类似。SPOOLing 技术基本原理是利用高速度的存储设备来暂存输出数据,高速的硬盘、系统的内存都可以用来暂时存储要输出的数据,当速度较慢的计算机外围设备(如打印机)有空闲时,才将暂存处的数据输出到目标设备。这样就不会由于有的外围设备的处理速度过慢而影响到整个系统的性能。

SPOOLing 技术也可以使多个用户“同时”访问本来不能被同时访问的资源,并且能够保证用户之间不会相互影响。因为所有的用户的数据都被放入系统的缓冲队列中,而且只有用户的操作请求完全到达之后,系统才开始执行这项任务。这样,任何进程都可以“同时使用”这个设备,实际上对这个设备操作的数据都将被操作系统放入缓冲区中等候处理。因此,可以把它想象成为一个把用户的并发访问转换为一个先进先出的队列。CPU 调度就是使用了这样的策略,把一个只能串行执行的处理器(不可同时访问)虚拟成为一个可以并行执行程序的处理器。

常用的打印机系统是一个典型的 SPOOLing 系统。从硬件特性上讲,打印机是一个不能同时使用的设备,但用户可以同时往打印机发送打印命令,操作系统开辟了一个打印文档的缓冲区,用户送往打印机打印的文档都将由操作系统送到这个缓冲区中排队等候。操作系统负责每次从打印的缓冲队列中取出一个需要打印的文档在打印机上打印,如果缓冲区为空则等待。具体的工作过程可参考下面一段代码：

```
lpd()
{   for (;;)
{   if (缓冲区队列为空)
        continue;
        else{
        从缓冲区队列中取出一个待打印文档;
        读出这个文档并打印内容;
        }
        }
}
```

6.4 中断技术

在6.2节中曾讲到中断，在数据传输控制方式中，也不是只有控制方式中用到中断技术，中断技术无论是在DMA方式中还是在通道方式中都起着重要的作用。事实上，中断技术在整个操作系统中和各个方面也起着不可替代的作用，中断是事件驱动实现的基础。在人机联系、故障处理、实时控制、程序调试与跟踪、任务分配等方面都需要中断技术的支持。在设备管理中，没有中断技术就实现不了设备与主机、设备与设备之间、设备与用户的并行。可见中断技术在整个计算机技术中的重要地位。

6.4.1 中断及与中断相关的基础知识

中断是指计算机在执行，系统内发生任何非寻常的或预期的急需处理的事件，使得CPU暂时中断当前正在执行的程序而转去执行相应的事件处理程序，处理完毕后又返回被中断处继续执行进程的过程。

引起中断发生的事件被称为中断源。中断源向CPU发出的请求中断处理信号称为中断请求。CPU收到中断请求后，中断当前正在执行的程序而转去执行相应的事件处理程序称为中断响应。相应的事件处理程序称为中断服务程序，而执行中断服务程序的过程就是中断处理。

在计算机运行过程中，系统中的很多事件都可能是中断源。中断源的数量是众多的，常见的中断源有如下几种类型。

(1) 外设引起的中断：外部设备采用DMA方式完成一个数据块的传送工作之后会产生中断，外设在输入/输出过程中出现错误也会产生中断。

(2) CPU引起的中断：如除数为零，非法数据格式，数据校验出错，运算结果溢出等都是中断源，会引起相应的中断。

(3) 存储器引进的中断：非法的内存地址，主存储器页面失效等。

(4) 控制器引起的中断：如非法指令，操作系统中用户态与核心态的转换。

(5) 各种总路线引起的中断。

(6) 实时时钟的定时中断：当需要定时时，CPU发出命令，时钟电路开始工作，等到了规定的时间后，时钟电路就会发出中断请求，由CPU响应并处理。

(7) 故障引起的中断：如电源掉电，计算机出现硬件故障等。

(8) 为调试程序而人为设置的断点。

中断源可以分为可屏蔽中断和不可屏蔽中断。可屏蔽中断一般指那些仅影响局部的中断事件，如外围设备的中断请求，定时器的中断请求等。这些中断可以被屏蔽，没有得到处理机响应的中断请求被保存在中断寄存器中会丢失，当屏蔽解除后，仍然能够得到继续响应和处理。设立中断屏蔽的目的是为了保证在执行一些重要的进程的过程中暂时不响应中断，以免造成延迟而引起错误。例如，在系统启动执行初始化程序时，系统会屏蔽键盘中断，此时，按任何键都不会响应。这样可以保证初始化程序能够得到顺利进行。

中断屏蔽是通过每一类中断源设置一个中断屏蔽触发器以屏蔽它们的中断请求来实现的。但是，有些中断请求是不能屏蔽甚至不能禁止的，换句话说，这些中断具有最高的优先级。无论处理机状态字(PSW)寄存器中的中断允许是否为关，这些中断请求一旦被提出，CPU就必须立即响应。比如掉电事件所引起的中断就是不可屏蔽的中断，也是不可禁止的中断。

6.4.2 硬中断、内中断和软中断

凡是来自处理机和内存外部的中断，都称为硬中断或外中断。例如，输入/输出中断；操作人员对机器进行干预的中断；各种定时器引发的时钟中断；在调试程序的过程中，由设置的断点引起的调试中断等。

在处理机和内存内部产生的中断称为内中断，也称为陷入。例如，非法指令、数据格式错误、内存保护错误、地址越界错误、各种运算溢出错误、除数为零的错误、数据校验错、用户态下使用特权指令错误等。

软中断的说法主要来自UNIX系统，软中断是由程序中执行了中断指令而产生的中断。UNIX系统中的软中断也叫信号生理机构，UNIX系统向进程提供一通信机构，利用它，进程之间可以相互通信。

6.4.3 中断优先级

中断源的中断请求一般是随机的，有可能几个中断源同时发出中断请求。这时，CPU必须安排一个响应和处理中断的优先顺序，即确定中断的优先级，否则会出现混乱。当系统中同时存在若干个中断请求时，CPU按它们的优先级从高到低进行处理。对属于同一优先级别的多个中断请求，按申请的先后顺序处理。

当CPU已响应了一个中断源的请求，正在进行中断处理时，如果又有新的中断源发出中断请求，CPU是否响应该中断请求，则取决于中断的优先级。如果新中断源的优先级高于正在处理的中断源，CPU将暂停执行当前的中断服务程序，去响应高优先级的中断。在处理完高优先级的中断后，再继续执行暂停的中断服务程序。如果新中断源的优先级和当前处理的中断同优先级或更低，CPU则将低优先级的中断屏蔽掉，不予响应，直到当前中断服务程序执行完毕，才去处理新的中断请求。

中断优先级的高低主要由下列因素来确定：

(1) 中断源的紧迫性。如果是电源出现故障、系统总线故障或错误,这样的故障或错误会影响整个系统,这种情况下产生的中断一般要安排在最高优先级,而像外部设备的输入/输出中断请求,只会影响局部,其优先级可以定得低一些。

(2) 设备的工作速度。高速设备应及时响应中断,以免造成数据丢失,所以高速外部设备的中断优先级可以安排得高一些。

(3) 数据恢复的可能性。数据丢失后无法恢复的设备,其优先级应高于能恢复丢失数据的设备。

6.4.4 中断处理过程

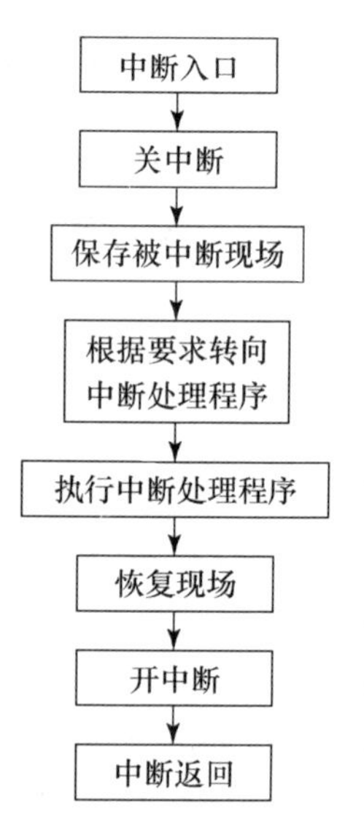

图 6.9 中断处理过程

CPU 响应了某个中断请求,转入中断处理程序,系统就开始进行中断处理。直到这个中断全部处理完毕,才返回被中断处继续接下来的处理。中断处理过程的主要步骤如图 6.9 所示。

(1) CPU 关中断。将 CPU 内部的处理机状态字(PSW)的中断允许位清除,这样 CPU 不再响应其他任何中断源的中断请求。

(2) 保存被中断现场。将程序计数器(PC)、处理机状态字(PSW)、堆栈指针(SP)等内容存入堆栈或是保到内存的特定单元,以便中断服务完成后,能返回到原来的程序中去。

(3) 转向中断服务程序入口。不同的中断请求对应不同的中断服务程序,系统专门在内存中划出一部分空间存放所有中断服务程序的入口地址,这些入口地址组成一张表,称为中断向量表,通过中断向量表,系统能快速找到中断源对应的中断服务程序的入口地址。

(4) 执行中断服务程序。

(5) 恢复现场。把在第(2) 步中保存的信息全部恢复到原来的位置。

(6) CPU 开中断。返回到断点。到此,一次中断处理过程就告完成。

6.5 缓冲技术

缓冲技术是设备管理中经常用到的技术。对于输入/输出设备来说,采用缓冲技术是非常必要的。

6.5.1 缓冲技术的引入

"缓冲"的意思,我们可以把它理解为一种过渡。在计算机系统的输入/输出中,CPU 的处理速度很快,而大多数外部设备的处理速度都较慢,由于这种速度的不匹配,CPU 就不得不等待外部设备的就绪,从而影响了 CPU 高速处理性能的发挥。如果引入缓冲的技术,速度不匹配的矛盾就能得到很大程度的解决。例如,为了解决 CD-ROM 与 CPU 之间的速度不匹配问题,可以在 CD-ROM 和 CPU 之间设置缓冲区。CD-ROM 先将信息放入缓冲区,CPU 需要这些信息时,可直接从缓冲区中读取,而不用再进行实际的读盘操作。

另外，如果输入/输出操作每传输一个字节就产生一次中断，那么系统花费在输入/输出处理上的时间就会直线上升。如果我们设置一个长度为8个字节的缓冲区，等放满了8个字节后才产生一次中断，这样中断次数就会减少，系统花费在中断处理上的时间也就明显减少。

由此可见，在进行输入/输出处理时，引入缓冲技术是非常必要的。通过对缓冲技术的合理使用，能够调节计算机系统各部分的负荷，使CPU和外部设备的工作都尽可能保持在一个较为平稳的良好状态。

6.5.2 缓冲技术的实现方法

缓冲的实现方法有两种：硬件缓冲和软件缓冲。硬件缓冲采用专门的硬件缓冲器，外部设备中的寄存器组构成这种硬件缓冲。硬件缓冲器缓存空间的大小直接影响到设备的性能。硬件缓冲的成本较高。软件缓冲是在内部存储器中开辟出若干单元，作为专用的输入/输出缓冲区，以便存放输入/输出的数据。这种内存缓冲区就是软件缓冲。由于硬件缓冲价格较贵，因此在输入/输出管理中，主要采用的是软件缓冲。

6.5.3 缓冲的种类及工作过程

根据系统设置缓冲区的个数，可以分为单缓冲、双缓冲、多缓冲及缓冲池等四种。

(1) 单缓冲

单缓冲是指在发送者和接收者之间只有一个缓冲区，这是最简单的一种缓冲形式，图6.10就是单缓冲形式。

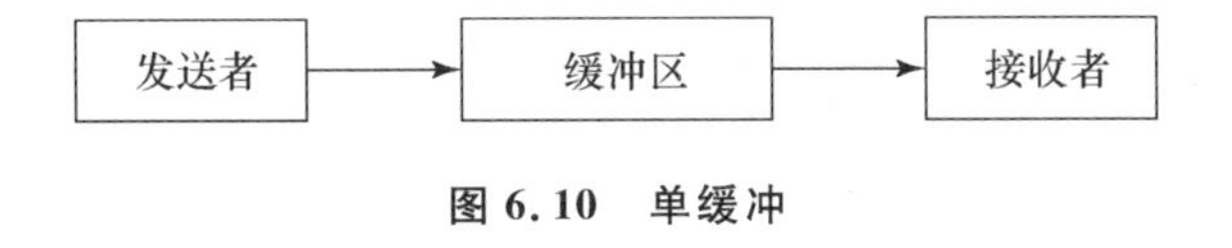

图6.10 单缓冲

发送者往缓冲区发送数据后，接收者就可以从缓冲区取出该数据。发送者和接收者不能并行工作是单缓冲形式所固有的。缓冲区是临界资源，不能同时对它进行操作。由于单缓冲形式中缓冲区只有一个，发送者只有等到接收者将数据取走之后，才能再进行发送操作，否则原有的数据将会被覆盖掉。接收者从缓冲区中取数据时，要在发送者往缓冲区发送数据的操作完成之后才能取走，否则会重复取出相同数据或是取出一些无效数据。如果发送数据的设备与接收数据的设备速度不匹配，就会浪费很多的等待时间。所以，单缓冲的形式不是很常用。

(2) 双缓冲

双缓冲在发送者和接收者之间设立了两个缓冲区，双缓冲如图6.11所示。

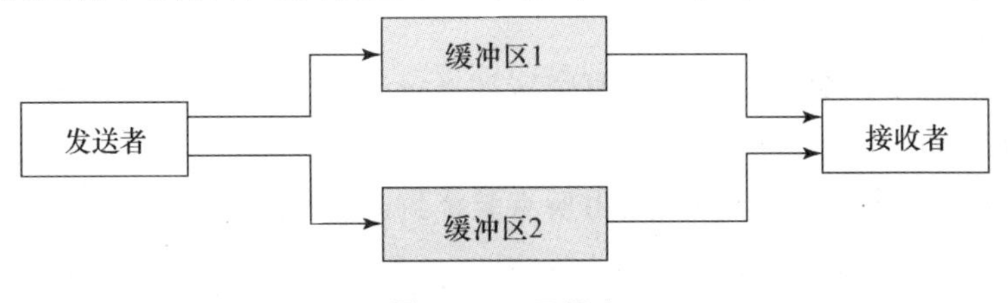

图6.11 双缓冲

在双缓冲的方式下，发送者将数据送入缓冲区 1，在接收者从缓冲区 1 中取数据时，发送者则可往缓冲区 2 中送入数据，接收者取完了缓冲区 1 的数据可接着取缓冲区 2 中的数据，此时发送者可再往缓冲区 1 中送入数据。这样，发送者与接收者交替地使用两个缓冲区，为并行工作提供了条件。如果发送者和接收者的速度能够匹配，发送者与接收者就能以并行的方式进行工作。

但是，发送者和接收者的速度如果相差很大，发送者与接收者之间的并行度就不是很高。当发送者速度远远大于接收者时，发送者能很快把两个缓冲区都装满，而接收者从缓冲区中取数据则要花较多的时间，发送者就会进入等待状态。相反，当接收者速度远远大于发送者时，接收者很快取完两个缓冲区的数据后也会进入等待发送者的状态。所以，双缓冲方式也有它的不足之处。

(3) 多缓冲

系统为同类型的输入/输出设备设置两个公共缓冲队列，一个专门用于输入，另一个专门用于输出，就形成多缓冲。当输入设备进行输入时，就在输入缓冲首指针所指的缓冲区队列里申请一个缓冲区使用，使用完毕后仍归还到该队列；当输出设备进行输出时，就在输出缓冲首指针所指的缓冲区队列里申请一个缓冲区使用，使用完毕后仍归还到该队列。多缓冲队列如图 6.12 所示。

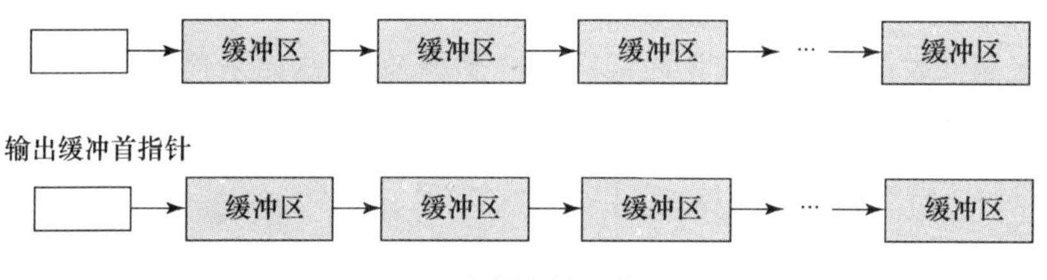

图 6.12 多缓冲的两个队列

多缓冲一般是每个设备的专用资源，如果系统的设备比较多，就会占有大量的缓冲区，增加系统内存的开销；在整个系统内的多个缓冲区之间，可能会出现有的设备的缓冲区不够用而有的设备的缓冲区有很多空闲。

(4) 缓冲池

缓冲池由多个大小相同的缓冲区组成，缓冲池中的缓冲区被系统中所有进程共享使用，由管理程序统一对缓冲池进行管理。当某个进程需要使用缓冲区时，由管理程序将缓冲池中合适的缓冲区分配给那个进程，使用完毕，再将缓冲区释放回缓冲池。

在系统的统一管理之下，各个缓冲区都有不同的使用状态，有的缓冲区是空的，有的缓冲区装满了输入数据，有的缓冲区装满了输出数据。为了更好地管理，系统将处于相同使用状态的缓冲区链成队列，具体内容如下。

(1) 空缓冲队列：空缓冲队列由所有空缓冲区链接在一起组成，可记为 em，队首指针为 F(em)，队尾指针为 L(em)。

(2) 输入缓冲队列：输入缓冲队列由所有装满输入数据的缓冲区链接在一起组成，可记为 in，其队首指针为 F(in)，队尾指针为 L(in)。

(3) 输出缓冲队列：输出缓冲队列由所有装满输出数据的缓冲区链接在一起组成，可记为 out，其队首指针为 F(out)，队尾指针为 L(out)。

几种队列如图 6.13 所示。

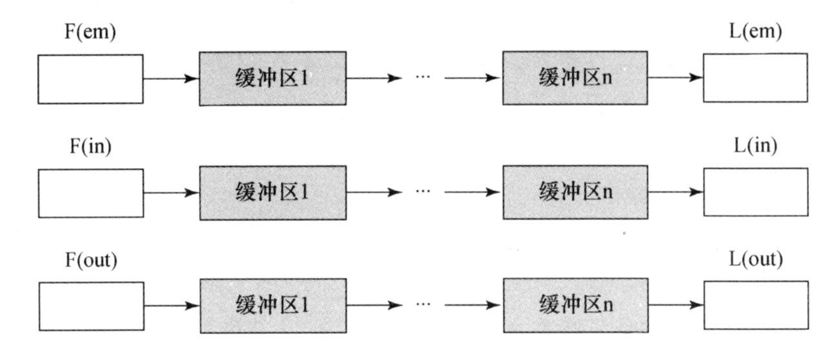

图 6.13 缓冲区队列

某进程从上述 3 种队列中申请得到缓冲区的使用权，在对得到的缓冲区进行装入或取走数据的操作，存取结束后，将缓冲区再放回到队列中。被进程所占用的缓冲区称为工作缓冲区。缓冲池中有 4 种工作缓冲区。

(1) 收容输入缓冲区：用于收容设备输入数据。

(2) 提取输入缓冲区：用于提取设备输入数据。

(3) 收容输出缓冲区：用于收容 CPU 要输出的数据。

(4) 提取输出缓冲区：用于提取 CPU 要输出的数据。

几种工作缓冲区与 CPU 和输入/输出设备的关系如图 6.14 所示。

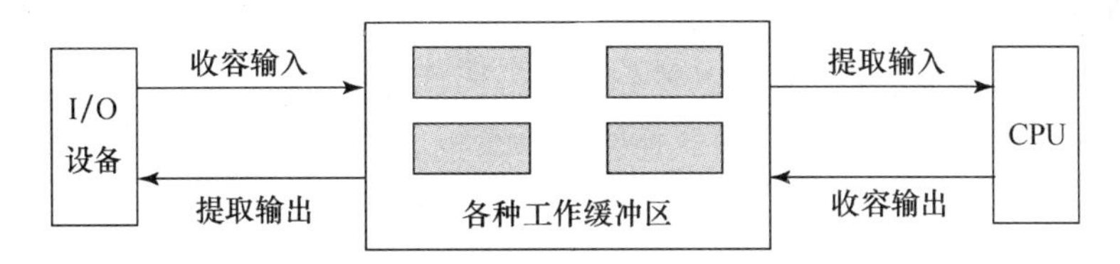

图 6.14 缓冲池的工作缓冲区

缓冲池被系统中所有进程共享，由管理程序统一管理，进行动态的分配，能用少量缓冲区为多个进程服务，提高了缓冲区的利用率，进一步缓解了 CPU 与外部设备的速度不匹配问题，也提高了 CPU 与外部设备的并行度。缓冲池的工作过程大致如下：

(1) 当输入设备要进行数据传输时，输入进程从空缓冲区队列的队首取出一个空缓冲区，把它作为收容输入工作缓冲区，在装满输入设备的输入数据后，将它放到输入队列的队尾。

(2) 某个进程需要输入数据时，从输入队列中取出一个缓冲区作为提取输入工作缓冲区，进程从中提取数据，数据被取走后，将该缓冲区放入空缓冲区队列的队尾。

(3) 在需要进程数据输出时，进程从空缓冲区队列的队首取出一个空缓冲区作为收容输出数据工作缓冲区，在装满了要输出的数据后，把这个缓冲区放入输出队列的队尾。

(4) 输出设备要输出数据时，从输出队列的队首取出一个缓冲区作为提取输出工作缓冲区，输出设备从这个缓冲区中取出数据输出。数据完毕后，又把该缓冲区放入空缓冲队列的队尾。

6.6 设备驱动程序

设备驱动程序是驱动物理设备及设备控制器以使设备能顺利进行输入/输出操作的程序的集合。也可以把设备驱动程序看成是输入/输出系统和物理设备的接口。设备驱动程序的功能主要是接受输入/输出请求,设置设备的相关物理参数,设置设备中寄存器的值以及启动设备完成输入/输出操作。

6.6.1 设备驱动程序的引入

把用户进程中的逻辑设备名转换成物理设备名是对设备进行输入/输出操作的第一步。接下来要进行的对物理设备的具体操控就要复杂得多。操作系统在设计的时候,把与物理设备直接相差的软件部分独立出来,组成设备驱动程序系列,一般由设备商和软硬件开发商提供的针对某一种具体设备的驱动程序组成。使用者可以根据自己的需要和设备驱动程序所提供的功能灵活地配置物理设备,选择相应的驱动程序进行安装或卸载。

6.6.2 设备控制器

设备控制器与设备的驱动程序密切相关,不同的设备控制器需要采用不同的设备驱动程序,设备控制器也是物理设备的重要组成部分。外部设备一般由机械部件和电子部件组成,通常情况下把电子部件独立出来,称为设备控制器或适配器,我们常提到的显卡事实上就是一个设备控制器,由它控制显示器的显示等工作。但是,单独的设备或设备控制器是没有意义的,设备都是在设备控制器的控制之下而工作,一些设备控制器可以同时控制几台同类设备工作。本节重点介绍的设备驱动程序也主要是对设备控制器的控制和管理。

设备控制器在驱动程序的管理下,处于 CPU 和设备之间,设备控制器接收来自于 CPU 发出的指令,然后去控制设备运行,因此,设备控制器主要包含控制寄存器、数据寄存器、状态寄存器、地址译码器等。其中,控制寄存器用于接收和识别 CPU 发出的指令,数据寄存器用于完成控制器与 CPU 之间、控制器与外部设备之间的数据交换,状态寄存器则记下设备所处的状态(如设备就绪、设备忙或设备出错)以供 CPU 查询,地址译码器是为了识别每个设备的地址。

6.6.3 设备驱动程序的工作

设备驱动程序的工作应该说是较复杂的,为了简单起见,对设备驱动程序的工作过程作如下几点说明。

(1) 把抽象要求变为具体请求。对于设备控制器中的具体细节,用户以及上层软件是无须了解的,但装入操作系统中的设备驱动程序是必须清楚的,如控制器中寄存器的个数以及每个寄存器所起的作用。并且由设备驱动程序将用户的抽象的要求转变成系统对设备的具体操作指令。

(2) 检查输入/输出请求的合法性。

(3) 查看设备状态。设备驱动程序从设备控制器的状态寄存器中查询所需设备当前的状态，设备是满足用户使用的最基本的要求。

(4) 传送相关的参数。设备驱动程序要设置一些设备的具体参数。

(5) 启动输入/输出设备。在一切准备工作就绪之后。设备驱动程序就可向设备控制器中的命令寄存器传送控制命令，启动外部设备，然后由设备控制器来控制外部设备进行要求的输入/输出操作。

设备不能离开设备驱动程序，设备驱动程序和设备的物理特性也密切相关，不同类型的外部设备，驱动程序就会不同。就是同一类型的外部设备，如果是由不同的厂家所生产，那么驱动程序也可能不同。所以，在购买计算机外部设备时，一定要索取该设备的驱动程序，否则设备就有可能不能运行。

6.7 小　结

设备管理的主要任务是控制设备和CPU进行数据的输入/输出操作。由于现代的外部设备复杂多样，设备管理也是系统中的最烦琐的工作之一。设备管理不仅要负责外部设备完成最基本的操作，还要尽可能地提高设备与CPU之间以及设备与设备之间的并行度，从而提高设备与CPU的利用率。

本章介绍了设备的分类，常用的设备和CPU之间数据传输控制方式，设备的分配，设备管理中常用的几种技术以及设备驱动程序。

设备的分类如果按照不同的分类标准，就有相应的不同划分。按计算机外部设备的从属关系划分，计算机外部设备可以划分为系统设备与用户设备两大类；按计算机外部设备的分配方式划分，计算机外部设备可以划分为独享设备、共享设备和虚拟设备；按计算机外部设备的工作特性划分，计算机外部设备可以划分为存储设备、输入设备和输出设备；按计算机外部设备与主机之间的信息传送单位划分，计算机外部设备可以划分为字符设备和块设备。

常用的设备和CPU之间数据传输控制方式主要有程序直接控制方式、中断控制方式、直接存取(DMA)控制方式和通道控制方式。

设备分配主要介绍了设备分配中的数据结构，设备分配算法主要有先来先服务和优先级高者先服务。

设备管理中常用的几种技术主要有中断技术和缓冲技术。

设备驱动程序的功能主要是接受输入/输出请求，设置设备的相关物理参数，设置设备中寄存器的值以及启动设备完成输入/输出操作。

习 题 六

一、选择题

1. 通道又称I/O处理机，用于(　　)之间的信息传输。

A. CPU与外设　　B. CPU与外存　　C. 主存与外设　　D. 主存与外存

2. 在采用SPOOLing技术的系统中，用户的打印数据首先被送到(　　)。

A. 磁盘固定区域　B. 内存固定区域　C. 终端　D. 打印机

3. 下面关于虚拟设备的正确论述是(　　)。

A. 虚拟设备是指允许用户使用比系统中拥有的物理设备更多的设备

B. 虚拟设备是指允许用户以标准化方式来使用物理设备

C. 虚拟设备是指把一个物理设备变换成多个对应的逻辑设备

D. 虚拟设备是指允许用户程序不必全部装入内存就可以使用系统的设备

4. SPOOLing 技术的主要目的是(　　)。

A. 提高 CPU 和设备交换信息的速度　B. 提高独占设备的利用率

C. 减轻用户编程负担　D. 提供主、辅存接口

5. 如果 I/O 设备与存储器设备间的数据交换不经过 CPU 来完成,则这种数据交换方式是(　　)。

A. 程序查询方式　B. 通道技术　C. DMA 方式　D. 无条件存取方式

6. 采用 SPOOLing 技术后,使得系统资源利用率(　　)。

A. 提高了　B. 有时提高有时降低了

C. 降低了　D. 提高了,但出错的机会增加了

7. 设备控制块是(　　)。

A. DCB　B. JBC　C. PCB　D. CCB

8. 关于 SPOOLing 的叙述中,(　　)描述是不正确的。

A. SPOOLing 系统中不需要独占设备

B. SPOOLing 系统加快了作业的速度

C. SPOOLing 系统使独占设备变成共享设备

D. SPOOLing 系统利用了处理器与通道并行工作的能力

9. 虚拟设备是靠(　　)技术来实现的。

A. 通道　B. 缓冲　C. SPOOLing　D. 控制器

10. 通道是一种特殊的(　　)。

A. I/O 设备　B. I/O 控制器具　C. 处理机　D. 存储器

二、填空题

1. 通道技术的引入,实现了(　　　)与(　　　)的并行,(　　　)与(　　　)的并行,(　　　)与(　　　)的并行。

2. 设备管理中引入缓冲机制的主要原因是为了(　　　　　　　　　)、(　　　　　　　　　)和(　　　　　　　　　)。

3. SPOOLing 系统中,作业执行时从磁盘上的(　　　　　　　　)中读取信息,并把作业的执行结果暂时存放在磁盘上的(　　　　　　　　)中。

4. 中断优先级由硬件规定的,若要调整中断的响应次序可通过(　　　　　)。

5. 设备分配程序分配外部设备时,先分配(　　　　　　),再分配(　　　　),最后分配(　　　　　　)。

6. 实现虚拟设备必须以一定的硬件和软件条件为基础,特别是硬件必须配置大容量的(　　　　　　),要有中断装置和(　　　　　),具有(　　　　　　　　　)。

7. 在进行分配设备的同时，还应分配相应的(　　　　　)和(　　　　)，以保证在 I/O 设备和 CPU 之间有传输信息的通路。

8. 用通道命令编写的程序称为(　　　　　　　　　　)。

9. 为实现 CPU 与外部设备的并行工作，系统引入了(　　　　　　　)硬件机制。

三、判断题

1. 只有引入通道后，CPU 计算与 I/O 操作才能并行执行。(　　)

2. 通道又称 I/O 处理机，它实现主存和外设之间的信息传输，并与 CPU 并行工作。(　　)

3. 缓冲技术是借用外存储器的一部分区域作为缓冲池。(　　)

4. 引入缓冲的主要目的是提高 I/O 设备的利用率。(　　)

5. 某一程序被中断后，转去执行中断处理程序，在中断处理程序结束后，一定返回到被中断的程序。(　　)

6. CPU 和通道之间的关系是主从关系，CPU 是主设备，通道是从设备。(　　)

7. SPOOLing 系统是外围设备同时脱机操作的意思。(　　)

四、思考题

1. 何谓逻辑设备？何谓物理设备？

2. 什么是设备的独立性？它有何优点？

3. 为何引入通道？它有哪几种类型？它们各自的特点是什么？

4. 什么是设备驱动程序？设备驱动程序的功能是什么？

5. 处理机与外部设备之间有哪几种数据输入/输出控制方式？

6. 有两块经测试的问题声卡，第一块插在计算机上系统能识别它，而第二块插在计算机上系统则不能识别它，请问这两块声卡有何区别？要想系统能识别第二块声卡，如何解决？

第7章 操作系统实践

基 础 篇

实验一 了解 Windows XP 的系统信息及注册表

实验目的：

1. 学会安装 Windows XP，逐步掌握“帮助和支持”工具，配置自己喜好的计算机；
2. 了解系统软硬件资源；
3. 自定义自己的计算机和了解注册表。

实验内容：

1. 通过“帮助和支持中心”及“任务栏和开始菜单”两种方法自定义自己的计算机。
2. 熟悉注册表，要求完成以下实验步骤：

(1) 启动注册表编辑器；

(2) 了解注册表的结构。

实验步骤：

1. “帮助和支持中心”

(1) 单击“开始”→“帮助和支持”，弹出“帮助和支持中心”窗口；

(2) 在右边选择“使用工具查看您的计算机信息并分析问题”；

(3) 在左边的列表中选择“我的计算机信息”，了解系统信息。

2. “任务栏和开始菜单”

(1) 单击“开始”→“运行”，输入“gpedit. msc”，弹出“组策略”窗口；

(2) 依次打开“用户配置”→“管理模板”→“任务栏和开始菜单”；

(3) 根据自己的喜好，进行设置。

3. 注册表

(1) 单击“开始”→“运行”，输入“regedit”，弹出“注册表编译器”窗口；

(2) 了解注册表结构。

HKEY_CLASSES_ROOT(种类_根键)：包含了所有已装载的应用程序、OLE 或 DDE 信息，以及所有文件类型信息。每一个用圆点开始的子键表示一种文件类型。例如.avi，在右边列表框中显示，.avi 对象的“Content Type”为一视频文件，注册表称之为“avifile”。在文件扩展项目后是按字母顺序排列的列表，包括所有应用程序和实用工具的文件名。在应用程序列表中，可以找到应用程序的描述、图标文件信息应用程序在 OLE 和 DDE 被激活时的默认形式。

HKEY_USERS(当前_用户键)：记录了有关登记计算机网络的特定用户的设置和配置信息。其子键如下。

AppEvent：与Windows中特定事件相关联的声音及声音文件的路径。

Control Panel：包含了一些存储在win.ini及system.ini文件中的数据，并包含了控制面板中的项目。

Install_Location_MRU：记录了最近装载应用程序的驱动器。

Keyboard Layout：识别普遍有效的键盘配置。

Network：描述固定网与临时网的连接。

RemoteAccess：描述了用户拨号连接的详细信息。

Software：记录了系统程序和用户应用程序的设置。

HKEY_LOCAL_MACHINE(定位_机器键)：该键存储了Windows开始运行的全部信息。即插即用设备信息、设备驱动器信息等都通过应用程序存储在此键。子键如下。

Config：记录了计算机的所有可能配置。

Driver：记录了辅助驱动器的信息。

Enum：记录了多种外设的硬件标志(ID)、生产厂家、驱动器字母等。

Hardware：列出了可用的串行口，描述了系统CPU、数字协处理器等信息。

Network：描述了当前用户使用的网络及登录用户名。

Security：标记网络安全系统的提供者。

Software：微软公司的所有应用程序信息都存在该子键中，包括它们的配置、启动、默认数据。

System：记录了第一次启动Windows时的大部分信息。

HKEY_USER(用户键)：描述了所有同当前计算机联网的用户简表。如果您独自使用该计算机，则仅.Default子键中列出了有关用户信息。该子键包括了控制面板的设置。

HKEY_CURRENT_CONFIG(当前_配置键)：该键包括字体、打印机和当前系统的有关信息。

HKEY_DYN_DATA(动态_数据键)：该键存储了系统的动态信息，这些信息保存在随机存储器中。此键还能用于系统快捷操作，可以看到网络统计和当前系统配置的任何信息。

(3) 利用Windows中的注册表编辑器(Regedit.exe)进行备份。

运行Regedit.exe，单击“文件”→“导出注册表文件”命令，选择保存的路径，保存的文件为*.reg，可以用任何文本编辑器进行编辑。

实验二 进程管理

实验目的：

通过对进程调度算法的模拟，进一步理解进程的基本概念，加深对进程运行状态和进程调度过程、调度算法的理解。

实验内容：

1. 用C语言(或其他语言，如Java)实现对N个进程采用先来先服务进程调度算法(如先来先服务)的调度。

2. 分析程序运行的结果，谈一下自己的认识。

实验步骤：

在C++编译器中，输入程序代码：

```
#include <iostream.h>
#define n 20
typedef struct
{
 int id;          //进程名
 int atime;          //进程到达时间
 int runtime;        //进程运行时间
}fcs;
void main()
{
 int amount,i,j,diao,huan;
   fcs f[n];
 cout<<"input a number:"<<endl;
 cin>>amount;
 for(i=0;i<amount;i++)
 {
 cout<<"请输入进程名,进程到达时间,进程运行时间:"<<endl;
 cin>>f[i].id;
 cin>>f[i].atime;
 cin>>f[i].runtime;
 }
 for(i=0;i<amount;i++)          //按进程到达时间的先后排序
 {                                //如果两个进程同时到达,按在屏幕先输入的先运行
 for(j=0;j<amount-i-1;j++)
 {
  if(f[j].atime>f[j+1].atime)
  {
   diao=f[j].atime;
   f[j].atime=f[j+1].atime;
   f[j+1].atime=diao;
     huan=f[j].id;
   f[j].id=f[j+1].id;
   f[j+1].id=huan;
  }
 }
 }
```

```
    for(i = 0;i<amount;i + + )
    {
    cout<<"进程:"<<f[i].id<<"从"<<f[i].atime<<"开始"<<","<<"在"
     <<f[i].atime + f[i].runtime<<"之前结束。"<<endl;
    f[i + 1].atime = f[i].atime + f[i].runtime;
    }
  }
```

实验三　存储管理

实验目的:

1. 编写和调试存储管理的模拟程序;
2. 加深对存储管理方案的理解。

实验内容:

1. 编写并调试一个模拟的存储管理程序;
2. 采用可变式分区分配算法之一对分区分配和回收。

实验步骤:

最佳适应算法要求将所有的空闲区,按其大小以递增的顺序形成一空闲区链。这样,第一次找到的满足要求的空闲区,必然是最优的。但该算法会留下许多难以利用的小空闲区。

首次适应算法要求空闲分区链以地址递增的次序链接。在进行内存分配时,从链首开始顺序查找,直至找到一个能满足其大小要求的空闲分区为止。然后,再按照作业的大小,从该分区中划出一块内存空间分配给该请求者,余下的空闲分区仍留在空闲链中。

以下是 FIFO、LRU 置换算法的实现:

```
#include<stdio.h>
#include<time.h>
#include<stdlib.h>
#include<conio.h>
#include<string.h>
#include<malloc.h>
int memoryStartAddress = -1;
int memorySize = -1;
struct jobList          //作业后备队列的链节点
{       int id;     //作业的 ID 号
      int size;    //作业的大小
    int status;    //作业状态
    struct jobList * next;
};
struct freeList                                //空闲链的链节点
{
```

```
  int startAddress;                    //空闲分区的首地址
  int size;                          //空闲分区的大小
  struct freeList  * next;
};
struct usedList               //已分配内存的作业链
{
  int startAddress;                  //以分配内存的首地址
  int jobID;
  struct usedList  * next;
};
void errorMessage(void)                           //出错信息
{
    printf("\n\t 错误! \a");
    printf("\n 按任意键继续!");
    getch();
    exit(1) ;
}
void openFile(FILE * * fp,char * filename,char * mode)  //打开文件函数
{
    if(( * fp = fopen(filename,mode)) = = NULL)
    {
        printf("\n 不能打开 % s.",filename);
        errorMessage();
    }
}
void makeFreeNode(struct freeList * * empty,int startAddress,int size)//申请内存空间
{
  if(( * empty = (struct freeList * )malloc(sizeof(struct freeList))) = = NULL
  {
      printf("\n 没有足够空间.");
      errorMessage();
  }
  ( * empty)->startAddress = startAddress;  //当有足够空间时,则分配
  ( * empty)->size = size;
  ( * empty)->next = NULL;
}
void iniMemory(void)             //输入要求分配内存的首地址,大小
{
  char MSA[10],MS[10];
  printf("\n 请输入要分配内存的首地址 !");
  scanf(" % s",MSA);
```

```
  memoryStartAddress = atoi(MSA);
  printf("\n 请输入要分配内存的大小!");
  scanf(" % s",MS);
  memorySize = atoi(MS);
}
char selectFitMethod(void)                //选择分区管理算法
{
  FILE * fp;
  char fitMethod;
  do{
      printf("\n\n 请选择分区管理的算法! \
        \n   1 最佳适应算法 \
        \n   2 首次适应算法\n");

      fitMethod = getche();
  }while(fitMethod < '1' || fitMethod > '3');      //选择出错时
      openFile(&fp,"d:\\result.cl","a");
  switch(fitMethod)
  {
      case '1':
      fprintf(fp,"\n\n\n\n\t 最佳适应算法");
fprintf(fp,"\n* * * * * * * * * * * * * * * * * * * * * * * * * * * * * * * * *");
              break;
        case '2':
              fprintf(fp,"\n\n\n\n\t 首次适应算法");
fprintf(fp,"\n* * * * * * * * * * * * * * * * * * * * * * * * * * * * * * * * *");
              break;
  }
  fclose(fp);
  return fitMethod;
}
void inputJob(void)               //输入作业的信息
{
  int  / * id,size,   * /status = 0,jobnum = 0;
  FILE * fp;
  char id[10],size[10];
openFile(&fp,"d:\\job.cl","w");
  fprintf(fp,"作业名\t 大小\t 状态");
  printf("\n\n\n\n 请输入作业名和大小!
    \n 输入 0 0 退出,job_ID 由数字组成\n\n\njob_ID\tsize\n");
  do{
```

```
  /*   scanf("%d%d",&id,&size);   */
        scanf("%s\t%s",id,size);      //保存作业 ID,大小
        if(atoi(id) > 0 && atoi(size) > 0)
        {
            fprintf(fp,"\n%s\t%s\t%d",id,size,status);
        /*  fprintf(fp,"\n%d\t%d\t%d",id,size,status);   */
                    jobnum++;
        }
        else break;
  }while(1) ;
  if(jobnum)
        printf("\n完成输入!");
  else
  {
        printf("\n没有请求分配内存.");
        errorMessage();
  }
  fclose(fp);
}
int makeJobList(struct jobList **jobs) //把作业插入分区
{
  char jobID[10],size[10],status[10];
  struct jobList *rear;
  FILE *fp;
  openFile(&fp,"d:\\job.cl","r");
  fscanf(fp,"%s%s%s",jobID,size,status);
  if((*jobs = (struct jobList *)malloc(sizeof(struct jobList))) == NULL) //当没有空闲
分区时
  {
      printf("\n没有足够空间.");
      fclose(fp);
      errorMessage();
  }
  rear = *jobs;
  (*jobs)->next = NULL;
  while(! feof(fp))
  {
      struct jobList *p;
      fscanf(fp,"%s%s%s",jobID,size,status);
      if((p = (struct jobList *)malloc(sizeof(struct jobList))) == NULL)
      {
          printf("\n没有足够空间.");
```

```
            fclose(fp);
            errorMessage();
        }
        p -> next = rear -> next;     //插入已在分区的作业队列中
        rear -> next = p;
        rear = rear -> next;
        rear -> id = atoi(jobID);
        rear -> size = atoi(size);
        rear -> status = atoi(status);
    }
    fclose(fp);
    return 0;
}
int updateJobFile(struct jobList * jobs)
{
    FILE * fp;
    struct jobList * p;
    openFile(&fp,"d:\\job.cl","w");
    fprintf(fp,"job_ID\tsize\tstatus");
    for(p = jobs -> next;p;p = p -> next)
      fprintf(fp,"\n%d\t%d\t%d",p -> id,p -> size,p -> status);
    fclose(fp);
    return 0;
}
int showFreeList(struct freeList * empty)      //在屏幕上显示空闲分区
{
    FILE * fp;
    struct freeList * p = empty -> next;
    int count = 0;
    openFile(&fp,"d:\\result.cl","a");
    fprintf(fp,"\n\n显示空闲内存");
    printf("\n\n显示空闲内存");
    if(p)
    {
        fprintf(fp,"\nnumber\tsize\tstartAddress");
        printf("\n序号\t大小\t开始地址");  //显示空闲分区的大小和首地址
        for(;p;p = p -> next)
        {
            fprintf(fp,"\n%d\t%d\t%d",++count,p -> size,p -> startAddress);
            printf("\n%d\t%d\t%d",count,p -> size,p -> startAddress);
```

```
        }
        fclose(fp);
        return 1;
    }
    else                //没有空闲分区
    {
      fprintf(fp,"\n 内存已分配完 !");
      printf("\n 内存已分配完!");
                fclose(fp);
      return 0;
    }
}
void getJobInfo(struct jobList * jobs,int id,int * size,int * status)  //查找作业是否在分
区中
{
    struct jobList * p = jobs->next;
    while(p && p->id ! = id)        //删除作业
        p = p->next;
    if(p = = NULL)
    {
        printf("\n 不能找到作业 : %d.",id);
        errorMessage();
    }
    else
    {
        * size = p -> size;
        * status = p -> status;
    }
}
void updateJobStatus(struct jobList * * jobs,int id,int status) //改变作业的状态
{
    struct jobList * p = ( * jobs)->next;
    while(p && p->id ! = id)
        p = p->next;
    if(p = = NULL)
    {
        printf("\n 不能找到作业 : %d.",id);
        errorMessage();
    }
    else
        p -> status = status;       //作业状态
```

```
}
int showUsedList(struct jobList * jobs,struct usedList * used) //显示已分配的分区
{
  FILE * fp;
  struct usedList * p = used -> next;
  int count = 0,size,status;
  openFile(&fp,"d:\\result.cl","a");
  fprintf(fp,"\n\n 显示已分配的内存");
  printf("\n\n 显示已分配的内存");
  if(p)
  {
  fprintf(fp,"\nnumber\t 作业名\t 大小\t 开始地址");
       printf("\nnumber\t 作业名\t 大小\t 开始地址"); //显示分区中的作业信息
       for(;p;p = p -> next)
       {
           getJobInfo(jobs,p -> jobID,&size,&status);
           fprintf(fp,"\n%d\t%d\t%d\t%d", + + count,p -> jobID,size,p -> startAddress);
           printf("\n%d\t%d\t%d\t%d",count,p -> jobID,size,p -> startAddress);
       }
       fclose(fp);
       return 1;
  }
  else        //分区中没有作业
  {
      fprintf(fp,"\n 内存中没有作业.");
      printf("\n 内存中没有作业.");
      fclose(fp);
      return 0;
  }
}
int showJobList(struct jobList * jobs)  //分区上的作业
{
  struct jobList * p;
  p = jobs->next;
  if(p = = NULL)
  {
    printf("\n 列表上没有作业.");
    return 0;
  }
  printf("\n\nT 列表上的作业如下 :\n 作业名\t 大小\t 状态");//显示作业信息
  while(p)
```

```
    {
        printf("\n%d\t%d\t%d",p->id,p->size,p->status);
        p = p->next;
    }
    return 1;
}
void moveFragment(struct jobList *jobs,struct freeList **empty,struct usedList **used)
//当回收一部分分区后,进行碎片紧凑
{
    int size,status;
    struct usedList *p;
    int address = memoryStartAddress;
    if((*empty)->next == NULL)  //当没有空闲分区分配时,可以回收已分配内存
    {
        printf("\n内存已用完.\
            \n你可以先回收一些内存或者\
            \n按任意键再试一次!");
        getch();
        return;
    }
    for(p = (*used)->next;p;p = p->next)     //插入作业
    {
        p->startAddress = address;
        getJobInfo(jobs,p->jobID,&size,&status);
        address += size;
    }
    (*empty)->next->startAddress = address; //删除作业,回收内存
    (*empty)->next->size = memorySize - (address - memoryStartAddress);
    (*empty)->next->next = NULL;
}
void order(struct freeList **empty,int bySize,int inc) //按顺序排列分区的作业
{
    struct freeList *p,*q,*temp;
    int startAddress,size;
    for(p = (*empty)->next;p;p = p->next)
    {
        for(temp = q = p;q;q = q->next)
        {
            switch(bySize)
            {
              case 0 : switch(inc)
```

```
                {
                   case 0:if(q->size < temp->size) //交换作业位置
                          temp = q;break;
                   default:if(q->size > temp->size) //交换作业位置

                          temp = q;break;
                } break;
            default: switch(inc)
                {
                    case 0:if(q->startAddress < temp->startAddress)
                           temp = q;break; //交换作业位置
                    default:if(q->startAddress > temp->startAddress)
                           temp = q;break; //交换作业位置
                } break;
            }
        }
        if(temp ! = p)
        {
            startAddress = p->startAddress;
            size = p->size;
            p->startAddress = temp->startAddress;
            p->size = temp->size;
            temp->startAddress = startAddress;
            temp->size = size;
        }
    }
}
int allocate(struct freeList * * empty,int size) //按要求把分区分给该作业
{
  struct freeList * p, * prep;
  int startAddress = -1;
  p = ( * empty) -> next;
  while(p && p->size < size)                //没有足够分区,删除作业
        p = p -> next;
  if(p ! = NULL)
  {
      if(p -> size > size)  //当有足够分区,直接分配
      {
          startAddress = p -> startAddress;
          p -> startAddress + = size;
          p -> size - = size;
```

```
        }
        else   //将整个分区分给一个作业
        {
        startAddress = p -> startAddress;
            prep =  * empty;
            while(prep -> next ! = p)
              prep = prep -> next;
            prep -> next = p -> next;
            free(p);
        }
    }
    else  printf("\n你可以拼接碎片."); / * Unsuccessful ! * /
    return startAddress;
}
void insertUsedNode(struct usedList * * used,int id,int startAddress)//在分区中插入作业
{
    struct usedList * q, * r, * prer;
    if((q = (struct usedList * )malloc(sizeof(struct usedList))) = = NULL) //没有足够空间
时
    {
          printf("\nNot enough to allocate for the used node.");
          errorMessage();
    }
    q -> startAddress = startAddress; //插入作业
    q -> jobID = id;
    prer =  * used;
    r = ( * used) -> next;
    while(r && r->startAddress < startAddress)
    {
        prer = r;
        r = r -> next;
    }
    q -> next = prer -> next;
    prer -> next = q;
}
int finishJob(struct usedList * * used,int id,int * startAddress)  //删除作业,回收分区
{
    struct usedList * p, * prep;
    prep =  * used;
    p = prep -> next;
    while(p && p -> jobID ! = id)     //删除作业
```

```
    {
      prep = p;
      p = p -> next;
    }
    if(p = = NULL)
    {
      printf("\n作业：%d 不在内存！",id); //找不到要删除的作业
      return 0;
    }
    else
    {
      * startAddress = p->startAddress;
      prep -> next = p -> next;
      free(p);
      return 1;
  }
}
void insertFreeNode(struct freeList * * empty,int startAddress,int size)//插入空闲分区
{
  struct freeList * p, * q, * r;
  for(p =  * empty;p -> next;p = p -> next)   ;
  if(p = =  * empty || p -> startAddress + p -> size < startAddress)//对空闲分区进行排列
  {
      makeFreeNode(&r,startAddress,size);
      r -> next = p -> next;
      p -> next = r;
      return ;
  }
  if(p -> startAddress + p -> size = = startAddress) //插入空闲分区
  {
      p -> size + = size;
      return ;
  }
  q = ( * empty) -> next;
  if(startAddress + size = = q -> startAddress) //插入空闲分区
  {
      q -> startAddress = startAddress;
      q -> size + = size;
  }
  else if(startAddress + size < q -> startAddress) //插入空闲分区
  {
```

```
        makeFreeNode(&r,startAddress,size);
        r -> next = ( * empty) -> next;
        ( * empty) -> next = r;
    }
    else
    {
        while(q -> next && q -> startAddress < startAddress) //插入空闲分区
        {
            p = q;
            q = q -> next;
        }
        if(p -> startAddress + p -> size = = startAddress &&\
            q -> startAddress = = startAddress + size) //插入空闲分区
        {
            p -> size + = size + q -> size;
            p -> next = q -> next;
            free(q);
        }
        else if(p -> startAddress + p -> size = = startAddress &&\
                q -> startAddress ! = startAddress + size) //插入空闲分区
        {
                p -> size + = size;
        }
        else if(p -> startAddress + p -> size ! = startAddress &&\
                q -> startAddress = = startAddress + size) //插入空闲分区
    {
                q -> startAddress = startAddress;
                q -> size + = size;
    }
    else
    {
        makeFreeNode(&r,startAddress,size); //申请作业空间
        r -> next = p -> next;
        p -> next = r;
    }
  }
}
void main(void)
{
    char fitMethod;          //定义变量
    FILE * fp;               //定义变量
```

```
struct jobList * jobs;        //定义一个队列
struct freeList * empty;       //定义一个队列
struct usedList * used;       //定义一个队列
if((used = (struct usedList * )malloc(sizeof(struct usedList))) = = NULL)
{
    printf("\n 没有足够空间.");
    errorMessage();
}
used -> next = NULL;
remove("d:\\result.cl");
makeFreeNode(&empty,0,0);
while(1)                     //界面设计
{
    char ch,step;          //定义变量
    int id,size,startAddress,status;      //定义变量
    struct jobList * q;
    printf("\n                1 输入作业的信息.\
        \n                2 作业放到内存.\
        \n                3 完成作业,并回收内存.\
        \n                4 当前空闲的内存.\
        \n                5 当前已分配的内存.\
        \n                6 拼接碎片.\
        \n                7 退出.");
    printf("\n 请选择.\n");
    step = getche();
    printf("\n");
    switch(step)
    {
        case '1':          //当选择 1 时
            openFile(&fp,"d:\\result.cl","a");
            fprintf(fp,"\n\n\t 输入作业的信息  :)");
            used -> next = NULL;      //初始化队列
            empty->next = NULL;       //初始化队列
            iniMemory();
            makeFreeNode(&(empty->next),memoryStartAddress,memorySize);
            fprintf(fp,"\n\n\n 你用文件形式输入吗? (Y/N) : ");//是否用文件形式输出
            printf("\n\n\n 你用文件形式输入吗 ? (Y/N): \n");
            ch = getche();
            fprintf(fp,"\n % c",ch);
            fclose(fp);
            if(ch ! = 'Y&& ch ! = 'y) //当选择用文件形式输出时
```

```
            {
                inputJob();
            }
            makeJobList(&jobs);
            if(ch == 'Y'|| ch == 'y')   //读入文件的作业信息
            {
                                        for(q = jobs->next;q;q = q->next)
                {
                    if(q->status == 1)
                    {
                        startAddress = allocate(&empty,q->size);
                        if(startAddress != -1)
                        {
                          insertUsedNode(&used,q->id,startAddress);
                        }
                    }
                }
            }
            fitMethod = selectFitMethod();
            break;
        case '2':           //当选择 2 时
            if(memoryStartAddress < 0 || memorySize < 1)
            {
                printf("\n\nBad memory allocated ! \a");
                break;
            }
            openFile(&fp,"d:\\result.cl","a"); //打开文件
            fprintf(fp,"\n\n\t 把作业放到内存");
            fprintf(fp,"\n\n\n 你用键盘输入作业信息吗? (Y/N): ");
            printf("\n\n\n 你用键盘输入作业信息吗? (Y/N): \n");
            ch = getche();
            fprintf(fp,"\n %c",ch);
            fclose(fp);
            if(ch != 'Y' && ch != 'y')  //把作业放到分区中
            {
                for(q = jobs->next;q;q = q->next)
                {
                    if(q->status == 0)
                    {
                        switch(fitMethod) //用不同分区管理算法
```

```
                {
                    case '1': order(&empty,0,0);break;
                    case '2': order(&empty,0,1);break;
                    case '3': order(&empty,1,0);break;
                    case '4': order(&empty,1,1);break;
                }
                startAddress = allocate(&empty,q->size);
                if(startAddress ! = -1)
                {
                    insertUsedNode(&used,q->id,startAddress);//把作业插入到
                                                                已分配内存中
                  updateJobStatus(&jobs,q->id,1);
                }
            }
        }
        updateJobFile(jobs);
    }
    else
    {
        showJobList(jobs); //显示可操作的作业
        openFile(&fp,"d:\\result.cl","a");
        fprintf(fp,"\n 请从上面的作业中选择一个作业,输入作业名.");
        printf("\n 请从上面的作业中选择一个作业,输入作业名.");
        scanf(" % d",&id);
        fprintf(fp," % d\n",id);
        getJobInfo(jobs,id,&size,&status); //把作业放入内存
        switch(status) //作业的不同状态
        {
            case 0: printf("\nOK! 作业的状态是运行状态!");
              fprintf(fp,"\nOK! 作业的状态是运行状态 !");fclose(fp);break;
            case 1: printf("\n 作业在内存中 !");
              fprintf(fp,"\n 作业在内存中 !");fclose(fp);goto label;
            case 2: printf("\n 作业已完成!");
              fprintf(fp,"\n 作业已完成!");fclose(fp);goto label;
            default:printf("\nUnexpected job status.Please check you job file.");
              fprintf(fp,"\nUnexpected job status.Please check you job file.");
              fclose(fp);errorMessage();
        }
        switch(fitMethod) //不同分区管理方法的实现
        {
            case '1': order(&empty,0,0);break;
```

```
                case '2': order(&empty,0,1);break;
                case '3': order(&empty,1,0);break;
                case '4': order(&empty,1,1);break;
            }
            startAddress = allocate(&empty,size);
            if(startAddress != -1)
            {
                insertUsedNode(&used,id,startAddress);//插入作业
                updateJobStatus(&jobs,id,1); //改变作业状态
              updateJobFile(jobs);
            }
        }
        label : ;
        break;
    case '3':        //当选择 3 时
        if(memoryStartAddress < 0 || memorySize < 1)
        {
            printf("\n\nBad memory allocated ! \a");
            break;
        }
        do{
            int i;
            openFile(&fp,"d:\\result.cl","a");
            fprintf(fp,"\n\n\t 作业完成(回收内存)");
            fclose(fp);
          if(showUsedList(jobs,used) == 0)
                break;
            openFile(&fp,"d:\\result.cl","a"); //打开文件
            fprintf(fp,"\n 请从上面的作业中选择一个作业,输入作业名.\n 输入-1 来
                        结束测试.");
            printf("\n 请从上面的作业中选择一个作业,输入作业名.\n 输入-1 来结束
                    测试.");
            scanf("%d",&id);
            fprintf(fp,"%d\n",id);
            fclose(fp);
            if(id == -1)
              break;
            getJobInfo(jobs,id,&size,&status); //把作业放入内存
            if(status == 1)    //作业状态为运行时
            {
                i = finishJob(&used,id,&startAddress);
```

```
            if(i)
            {
        insertFreeNode(&empty,startAddress,size); //插入空闲分区
                updateJobStatus(&jobs,id,2); //改变作业状态
                updateJobFile(jobs);
            }
        }
        else
        {
            if(status = = 0 || status = = 2)
            {
                if(status = = 0)
                    printf("\n作业不在内存中!");
                else    printf("\n作业已完成!");
            }
            else
            {
                printf("\nUnexpected job status.\
                  Please check your job file.");
                errorMessage();
            }
        }
    }while(1) ;
    break;
case '4':                   //当选择4时
    openFile(&fp,"d:\\result.cl","a");
    fprintf(fp,"\n\n\t显示空闲内存");
    fclose(fp);
    showFreeList(empty);
    break;
case '5': //当选择5时
    openFile(&fp,"d:\\result.cl","a");
    fprintf(fp,"\n\n\t显示已分配内存");
    fclose(fp);
    showUsedList(jobs,used);
    break;
case '6': //当选择6时
    openFile(&fp,"d:\\result.cl","a");
    fprintf(fp,"\n\n\t拼接碎片");
    fclose(fp);
    moveFragment(jobs,&empty,&used);
```

```
                break;
            case '7': //当选择 7 时
                openFile(&fp,"d:\\result.cl","a");
                fprintf(fp,"\n\n\tExit  :(");
                fclose(fp);
                exit(0);
            default: printf("\n 错误输入!");
        }
    }
    getch();
}
}
```

实验四　磁盘调度算法

实验目的：

1. 进一步理解磁盘调度的实现原理；
2. 掌握几种重要的磁盘调度算法。

实验内容：

1. 了解先到先服务算法(FCFS)；
2. 了解最短寻道时间优先算法(SSTE)。

实验步骤：

1. FCFS 算法是按照输入/输出的先后次序为各个进程服务，即依请求次序访问磁道。

　请求次序：1　2　3　4　5　6

　访问磁道：34　33　98　76　2　88

如上所示，FCFS 依次访问磁道 34，33，98，76，2，88，总移动磁道数为：1＋65＋22＋74＋86＝248。

此算法易于实现，但效率低下，适合于负载很轻的系统。

FCFS 代码实现如下：

```
#include<stdio.h>
#include<stdlib.h>
#include<time.h>
#include<math.h>
#define DISKMAX 1000
#define DISKTOTAL 1000
#define OK 1
#define ERROR -1/ * 先到先服务磁盘调度 * /
void FCFS(int * R,int present_disk,int request_num)
{int i;
```

```
int count = 0;                    //磁头移动总次数
int step;                     //访问下一个磁道磁头移动次数
printf("\nMoving Order      Moving  Path      Moving Steps");
step = abs(present_disk-R[0]);                                      /*绝对值*/
count + = step;
printf("\n  1         %d---> %d          %d",present_disk,R[0], step);/*输出访问轨迹*/
for(i = 0;i<request_num-1;i + + ){                                /*遍历数组*/
step = abs(R[i]-R[i + 1]);
count + = step;
printf("\n  %d          %d---> %d         %d",i + 2,R[i],R[i + 1], step);}
printf("\nTotal moving steps: %d",count);                     /*输出磁头总移动次数*/
printf("\nAverage moving steps: %d",count/request_num);    /*平均移动次数*/}
```

2. 最短寻道时间优先算法(Shortest Seek Time First,SSTE)

SSTE 基于这样的思想：磁头总是访问距离当前磁道最近的磁道。

请求次序：1　2　3　4　5　6

访问磁道：34　33　98　76　2　88

如上所示,SSTE 依次访问磁道 34,33,2,76,88,98,总移动磁道数为：1+31+74+12+10=128,比 FCFS 的 248 道访问总数少了很多。

SSTE 的实现代码如下：

```
void SSTF(int *R,int present_disk,int request_num){
int i = 0;int temp,key;
int count = 0,step = 0;
int up = 0,down = 0;
int up_step = 0,down_step = 0;
key = SearchPresent(R,request_num, present_disk); /*查找当前磁道*/
printf("\nMoving Order      Moving  Path      Moving Steps");
while(key! = 0&&key! = request_num){                    /*磁道未到头或尾*/
i + + ;
if((R[key]-R[key-1-down])<(R[key + 1+up]-R[key])){  /*左边的磁道比右边的磁道近*/
temp = key-1-down;                               /*记录下一个磁道*/
down_step + + ;
down = 0;
up = down_step + up_step;}
else {                                     /*右边的磁道比左边的磁道近*/
temp = key + 1+up;                   /*记录下一个磁道*/
up_step + + ;
up = 0;
down = up_step + down_step;}
```

```
step = abs(R[key]-R[temp]);
count + = step;
printf("\n   % d              % d---> % d              % d",i,R[key],R[temp], step);
key = temp;}
if(key = = 0){                                      /* 当前磁头在头 */
i + + ;
temp = key + 1+up;                        /* 记录下一个将要访问的磁道 */
step = abs(R[key]-R[temp]);
count + = step;
printf("\n   % d              % d---> % d              % d",i,R[key],R[temp], step);
key = temp;
while(key!  = request_num){
i + + ;
step = R[key + 1]-R[key];
count + = step;
printf("\n   % d              % d---> % d              % d",i,R[key],R[key + 1], step);
key + + ; }}
else{                                               /* 当前磁头在尾 */
i + + ;
temp = key-1-down;                        /* 记录下一个将要访问的磁道 */
step = abs(R[key]-R[temp]);
count + = step;
printf("\n   % d              % d---> % d              % d",i,R[key],R[temp], step);
key = temp;
while(key!  = 0){
i + + ;
step = R[key]-R[key-1];
count + = step;
printf("\n   % d              % d---> % d       % d",i,R[key],R[key-1], step);
key--;}  }
printf("\nTotal moving steps: % d",count);
printf("\nAverage moving steps: % d",count/request_num);}
```

实验五　银行家算法

实验目的：

通过实验掌握银行家算法基本思想，掌握系统安全性判断方法，并根据进程资源的申请，使用银行家算法进行处理。

实验内容：

使用高级程序设计语言(C、C++等)模拟银行家算法进行资源检测和分配的过程。

实验步骤：

多道程序系统中，多个进程的并发执行，改善了系统资源的利用率，提高了系统的性能。但是，对共享资源的竞争有可能引发死锁问题。可以通过预防、避免和检测及解除等方法处理死锁问题。而银行家算法是最具代表性的死锁避免算法。通过对进程申请资源施加限制条件，检查进程的资源申请是否会导致系统进入不安全状态，从而避免死锁的产生。

银行家算法是一种最有代表性的避免死锁的算法。银行家算法即把操作系统看做是银行家，操作系统管理的资源相当于银行家管理的资金，进程向操作系统请求分配资源相当于用户向银行家贷款。操作系统按照银行家制定的规则为进程分配资源，当进程首次申请资源时，要测试该进程对资源的最大需求量，如果系统现存的资源可以满足它的最大需求量，则按当前的申请量分配资源，否则就推迟分配。当进程在执行中继续申请资源时，先测试该进程已占用的资源数与本次申请的资源数之和是否超过了该进程对资源的最大需求量。若超过则拒绝分配资源，若没有超过则再测试系统现存的资源能否满足该进程尚需的最大资源量，若能满足则按当前的申请量分配资源，否则也要推迟分配。

银行家算法源码：

```
#include <stdio.h>
int main(int argc, char *argv[])
{
int claim[5][3] = {{7,5,3},{3,2,2},{9,0,2},{2,2,2},{4,3,3}}; //每个进程运行申请的总资源
int allocation[5][3] = {{0,1,0},{2,0,0},{3,0,2},{2,1,1},{0,0,2}}; //已经分配给每个进程
的资源数
int p,s = 0; //p 代表进程 id   s 代表资源的种类
int count = 0; //每一个进程成功分配自动加一
int need[5][3] = {{0,0,0},{0,0,0},{0,0,0},{0,0,0},{0,0,0}}; //进程还需要的每种资源数
int result[5] = {-1,-1,-1,-1,-1}; //进程是否得到了满足
int work[3] = {3,3,2}; //假设每次分配资源后，还余下的资源数
//三个资源，每个资源总量
printf("all source:\n     A B C\n      10 5 7\n"); //已经分配后余下的资源量
printf("available:\n     A B C\n      3 3 2\n"); //打印每个进程运行所需要的总资源
printf("every max source:\n     A B C\n");
for(p=0;p<5;p++){
printf("P%d: ",p);
for(s=0;s<3;s++){
   printf(" %d ",claim[p][s]);
   need[p][s]=claim[p][s]-allocation[p][s]; //已经计算出了每个进程还需的资源数
}
printf("\n");
}// 已经分配给各个进程的资源数目
printf("allocation:\n     A B C\n");
for(p=0;p<5;p++){
```

```
printf("P%d: ",p);
for(s=0;s<3;s++)
printf(" %d ",allocation[p][s]);
printf("\n");
}// 打印出每个进程还需的资源数目
printf("every need:\n      A B C\n");
for(p=0;p<5;p++){
printf("P%d: ",p);
for(s=0;s<3;s++)
printf(" %d ",need[p][s]);
printf("\n");
}
for(s=0;s<5;s++)
for(p=0;p<5;p++){
if(result[p]==-1&&need[p][0]<=work[0]&&need[p][1]<=work[1]&&need[p][2]<=work
[2]){
   work[0]=work[0]+allocation[p][0];
      work[1]=work[1]+allocation[p][1];
   work[2]=work[2]+allocation[p][2];
      result[p]=s;count++;
   printf("P%d->",p);
}
}
if(count==5)
printf("\nit is safe! \n");
else
printf("\nit is danger\n");
return 0;
}
```

拓　展　篇

实验一　Linux 及其使用环境

实验目的：

1. 熟悉 Linux 操作系统环境；
2. 初步了解常用 Linux 命令及命令格式；
3. 学习使用 Linux 的联机帮助：man；
4. 在 Linux 环境下编写 C 语言程序。

实验内容：

1. 了解 Linux 的登录方式；
2. 练习常用的 Linux 命令；
3. 编写和调试简单的 C 语言程序。

实验步骤：

1. 登录和退出 Linux

(1) 按系统管理员分配的账号和密码登录 Linux 系统；

(2) 按实验步骤完成后面的实验内容；

(3) 最后退出 Linux 系统：按<Ctrl+D>键。

2. 熟悉常用 Linux 命令

进入 Linux 系统，在终端或命令行窗口中，输入如下 Linux 命令，记录下输出结果($为命令行提示符，你的 Linux 系统可能是其他的提示符)。

(1) $ls

(2) $pwd

(3) $cd..

(4) $pwd

(5) $cd

(6) $pwd

(7) $cd /usr/local

(8) $ls

(9) $cd

3. 使用 Linux 的联机帮助：man

使用 man 命令可以获得每个 Linux 命令的使用说明，用 man ls，man passwd，man pwd 命令得到 ls、passwd、pwd 三个命令的帮助内容。

也可以使用：命令名-help 格式来显示该命令的帮助信息，如 who-help。

使用 man 命令得到下面的 shell 命令、系统调用和库函数功能描述及使用例子，请将这些内容填入表 1 中。

表 1　常用 shell 命令

命　令	功能描述	例　子
cd		
chmod		
cp		
ls		
mkdir		
more		
mv		
pwd		
rm		
rmdir		
touch		
whereis		

4. 其他常用 Linux 命令

(1) 使用下面的命令显示有关你的计算机的系统信息：uname(显示操作系统的名称)，

uname-n(显示系统域名),uname-p(显示系统的 CPU 名称)。

A. 你的操作系统名字是什么?

B. 你计算机系统的域名是什么?

C. 你计算机系统的 CPU 名字是什么?

(2) 用 date 命令显示当前的时间,给出显示的结果。

(3) 用 cal 命令显示下列年份的日历:4、52、1752、1952、2000、2007。

A. 写出你显示以上年份年历的命令。

B. 1752 年有几天,为什么? 提示:与宗教有关。

(4) 使用 passwd 命令修改你的登录密码。

(5) 用 who 命令显示当前正在你的 Linux 系统中使用的用户名字。

A. 有多少用户正在使用你的 Linux 系统? 给出显示的结果。

B. 哪个用户登录的时间最长? 给出该用户登录的时间和日期。

(6) 使用 whoami 命令找到用户名。然后使用 who -a 命令来看看你的用户名和同一系统其他用户的列表。

(7) 使用 write 命令和已经登录系统的一个同学进行通信。

(8) Linux 系统的目录和文件的操作。

A. 把你的主目录设置为当前目录,查看系统管理员给你的主目录设置的权限,并给出用八进制表示的权限。

B. 在主目录下,用 chmod 设置~/temp 目录仅执行权限(借助 man 学习 chmod 的使用)。

C. 先执行 ls-ld temp,再执行 ls-l temp 命令,结果如何? 成功执行 ls -l temp 命令需要的最小权限是什么? 用 chmod 设置 temp 目录的最小权限,然后再一次执行 ls-l temp 命令。给出这个过程的会话。

D. 用命令 mkdir ~/temp/first 创建~/temp/first 目录。

E. 用 cd 改变目录,进入 first 目录,用 touch 命令创建 f1 空文件。设置 f1 文件的权限,使能顺利完成下面关于 f1 文件的操作。

F. 用 cp 命令将 f1 文件复制到~/temp 下。用 rm 命令删除 f1 文件。

G. 用 cd 改变目录到/usr。在这个目录下有多少个文件和目录,文件的内容类型是什么?

H. 用 man bash>file1 命令创建一个文件。

I. 用 man cat>file2 命令创建另一个文件。思考:“>”的作用。

J. 使用 cat 和 nl 命令显示 file2 文件内容并显示行号。

K. 用 more 命令显示 file1 和 file2 文件内容,每屏显示 18 行。

L. 在 Linux 系统中,头文件扩展名为. h。在/usr/include/sys 目录中,显示所有以 s 字母开头的头文件的名字。给出会话过程。

5. 第一个 C 程序

用 vi(或 gedit) hello. c 创建第一个 C 程序,输入以下代码并保存,如图 1 所示。

```
#include <stdio.h>
int main(void)
{
printf("Hello world! \n");
return 0;
}
```

图1　第一个C语言程序："Hello world!"

在命令行下输入：(注意大小写)

gcc -o hello hello.c

编译通过后执行文件：./hello。

实验二　shell编程

实验目的：

了解shell与内核的关系；

能够在Linux环境下进行shell编程；

能够在Linux环境下编写C语言程序。

实验内容：

复习C语言程序基本知识；

练习并掌握编写简单的shell程序；

练习并掌握编写和调试简单的C语言程序。

实验步骤：

1. 使用vi编辑器编写shell脚本

(1) 在shell提示符下，输入vi first并按<Enter>键，出现vi的界面。

(2) 输入a，输入ls -la，并按<Enter>键；

(3) 输入who，并按<Enter>键；

(4) 输入pwd，再按<Enter>键。这时屏幕将如图2所示：

```
ls -la
who
pwd
```

图2　第一个shell程序

(5) 输入:wq，并按<Enter>键；

(6) 执行脚本前，要先将脚本文件的属性改为可执行的。

```
chmod +x  first
```

(7) 在shell提示符下，输入"first"后回车。

思考：

观察结果。体会在 shell 下逐行运行命令和使用 shell 脚本运行的差异。

使用联机帮助 man 了解更多关于 vi 的使用。

2. shell 编程

在系统中运行 vi 并创建一个 Fact 脚本文件，它包含的内容如图 3 所示。

```
#! /bin/sh
fact = 1
for a in “seq 1 8”
do
fact = “expr MYMfact\ * MYMa”
done
echo "8! = MYMfact"
```

图 3　计算阶乘的 shell 脚本程序

模仿前一个 shell 脚本文件的运行。给出运行结果，并说明这个脚本实现的功能。

3. 编写 shell 程序

分析如图 4 所示的简单的计算器程序。

```
#Select one of the opertors
#! /bin/bash
echo "This is a simple calculator!"
while true
do
echo "Select one of the opertors"
echo "a) = + s) = - m) = * d) = / q) = quit"
read op
case MYMop in
a) op = " + " ;;
s) op = "-" ;;
m) op = "mul" ;;
d) op = "/" ;;
q|Q) op = "q" exit ;;
* ) echo "wrong option, input again..." ; sleep 1
continue ;;
esac
echo -n "please enter two numbers:"
read n1 n2
if [ MYMop = "mul" ]; then
```

图 4　计算器 shell 脚本程序

```
expr MYMn1 \ * MYMn2
else
expr MYMn1 MYMop MYMn2
fi
echo -n "continue (y/n)? "
read answer
case MYManswer in [Nn] * ) break;;
esac
done
echo "goodbye!"
```

图 4　计算器 shell 脚本程序(续)

注：因为 * 在 BASH 中不能直接使用，需要转义，所以在程序中做了处理。

4. 编写 shell 程序

扩充 3 中计算器程序的功能，增加求余和乘幂的功能。

实验三　进程互斥

实验目的：

1. 进一步认识并发执行的实质，认识进程同步与互斥；
2. 分析进程竞争资源现象，学习解决进程同步互斥的方法。

实验内容：

1. 在 Linux 环境下，用 C 语言编程；
2. 使用系统调用 fork()创建进程的子进程；
3. 使用系统调用 lockf()进行进程的互斥控制。

实验步骤：

1. 进程互斥

新建文件 family. txt，要求每个进程一次性输出多项信息到该文件，即不允许多人的信息资料交叉输出，这涉及进程的互斥。为了实现多个进程对临界资源互斥的正确访问，必须在进入临界区之前执行一个进入区；在临界区之后执行一个退出区。现在文件 family. txt 是临界资源，不同进程共享这个临界资源。对文件的互斥访问，必须在对文件进行存取之前执行一个进入区(加锁)；在对文件进行存取之后执行一个退出区(解锁)。可以利用系统调用 lockf(files，function，size) 实现不同进程对文件的互斥存取。流程如图 5 所示，参考代码如图 6 所示。

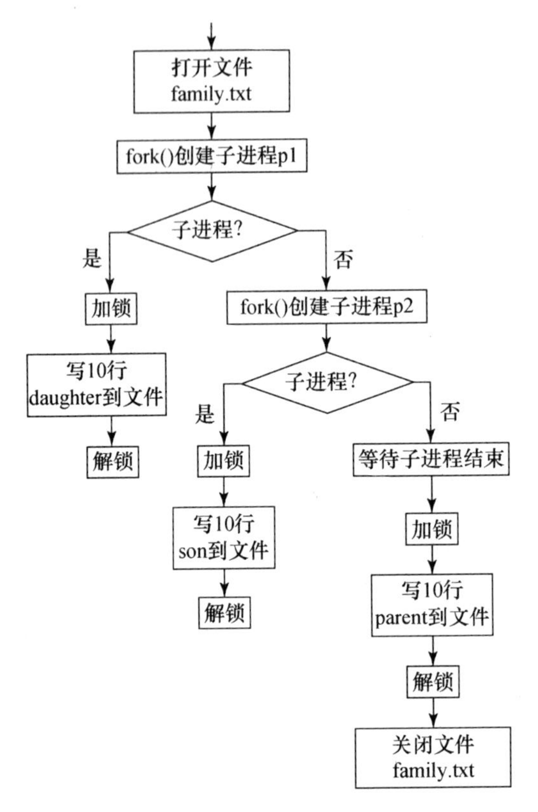

图 5 进程互斥流程图

```
#include<stdio.h>
#include<unistd.h>
#include<stdlib.h>
main()
{
    int p1,p2,i;
    FILE *fp;

    fp = fopen("family.txt","w+");                    /* 打开文件 family.txt */
    if(fp == NULL)
    {
        printf("Fail to create file");
        exit(-1);
    }
    while((p1=fork()) == -1);                            /* 创建子进程 p1 */
    if(p1==0)
    {
        lockf((fileno)fp,1,0);                                 /* 加锁 */
```

图 6 实现进程互斥的程序示例

```
        for(i=0;i<500;i++)
        {
            fprintf(fp,"daughter %d\n",i);
            sleep(1) ;
        }
        lockf((fileno)fp,0,0);                          /*解锁*/
    }
    else
    {
        while((p2=fork())==-1);                     /*创建子进程 p2*/
        if(p2==0)
        {
            lockf((fileno)fp,1,0);                      /*加锁*/
            for(i=0;i<500;i++)
            {
                fprintf(fp,"son %d\n",i);
                sleep(1) ;
            }
            lockf((fileno)fp,0,0);                      /*解锁*/
        }
        else
        {
            lockf((fileno)fp,1,0);                      /*加锁*/
            for(i=0;i<500;i++)
            {
                fprintf(fp,"parent %d\n",i);
                sleep(1) ;
            }
            lockf((fileno)fp,0,0);                      /*解锁*/
        }
    }
}
```

图 6 实现进程互斥的程序示例(续)

思考：

A. 删除加锁和解锁，编译、连接通过后，运行程序，用 cat family. txt 查看输出结果，观察进程并发执行的效果。

B. 语句“sleep(1);”起什么作用？删除所有“sleep(1);”语句，并观察运行结果；

C. lockf()如何使用？添加加锁和解锁后运行结果有何差异？理解 lockf()的作用。

D. 进程放后台运行，用 ps 观察进程状态，用 pstree 观察进程的宗族关系。

2. 编写程序

请输出三代家族成员的基本信息，要求同上。

提示：

在子进程中用调用 fork()，产生“孙子”进程；

在所有的输出代码前加上 lockf()进行加锁操作(互斥控制)。

实验四　进程通信——信号

实验目的：

1. 理解 IPC 通信中的信号通信原理和基本技术；
2. 掌握在 Linux 环境中构造信号通信机制的方法和步骤。

实验内容：

1. 在 Linux 环境下，用 C 语言编程；
2. 实现进程间通过信号进行通信。

实验步骤：

1. 闹钟

用 fork()创建两个子进程，子进程在等待 5 秒后用系统调用 kill()向父进程发送 SIGALRM 信号，父进程用系统调用 signal()捕捉 SIGALRM 信号。参考程序如图 7 所示。

```
#include <signal.h>
#include <stdio.h>
#include <unistd.h>
#include <stdlib.h>
static int alarm_fired = 0;              //闹钟未设置
//模拟闹钟
void ding(int sig)
{
    alarm_fired = 1;                 //设置闹钟
}
int main()
{
    int pid;
    printf("alarm application starting\n");
    if((pid = fork()) == 0)
    {       //子进程 5 秒后发送信号 SIGALRM 给父进程
      sleep(5) ;
      kill(getppid(), SIGALRM);
      exit(0);
    }
//父进程安排好捕捉到 SIGALRM 信号后执行 ding 函数
    printf("waiting for alarm to go off\n");
    (void) signal(SIGALRM, ding);
    pause();               //挂起父进程，直到有一个信号出现
    if (alarm_fired)
```

图 7　使用信号的程序

```
        printf("Ding! \n");
    printf("done\n");
    exit(0);
}
```

图 7　使用信号的程序(续)

思考：

A. 编译、连接通过后，多次运行程序，查看输出结果。

B. 请说明系统调用 kill()的功能和使用方法。

C. 请说明系统调用 signal()的功能和使用方法。

2. 进程使用信号通信

用 fork()创建两个子进程，再用系统调用 signal()让父进程捕捉键盘上来的中断信号(即按^c 键)；捕捉到中断信号后，父进程用系统调用 kill()向两个子进程发出信号，子进程捕捉到信号后分别输出下列信息后终止：

```
Child process1 is killed by parent!
Child process2 is killed by parent!
```

父进程等待两个子进程终止后，输出如下的信息后终止：

```
Parent process is killed!
```

参考程序和流程图分别如图 8 和图 9 所示：

```
#include<stdio.h>
#include<signal.h>
#include<unistd.h>
#include<stdlib.h>
int wait_mark;
void waiting(),stop();
void main()
{
    int p1,p2;
    signal(SIGINT,stop);
    while((p1=fork()) = =-1);
    if(p1>0) /* 主进程的处理 */
    {
        while((p2=fork()) = =-1);
        /* 主进程的处理 */
        if(p2>0)
        {
            wait_mark = 1;
            /* 等待接收 ctrl + c 信号 */
            waiting();
```

图 8　进程软中断通信

```
            /*向p1发出信号16*/
            kill(p1,16);
            /*向p2发出信号17*/
            kill(p2,17);
            /*同步*/
            wait(0);
            wait(0);
            printf("parents is killed \n");
            exit(0);
            return 0;
        }
        else   /*p2进程的处理*/
        {
            wait_mark = 1;
            signal(17,stop);
            waiting(); /*等待信号17*/
            sleep(1) ;
            /*用上锁的方法实现互斥*/
            lockf(stdout,1,0);
            printf("P2 is killed by parent \n");
            lockf(stdout,0,0);
        /*模拟P2被kill时进程的工作*/
            exit(0);
            return 0;
        }
    }
    else   /*p1进程的处理*/
    {
        wait_mark = 1;
        signal(16,stop);
        waiting(); /*等待信号16*/
        sleep(1) ;
        /*用上锁的方法实现互斥*/
        lockf(stdout,1,0);
        printf("P1 is killed by parent \n");
        lockf(stdout,0,0);
        /*模拟P1被kill时进程的工作*/
        exit(0);
        }
}

void  waiting()
{
```

图8 进程软中断通信(续)

```
    while(wait_mark! = 0);
}

void stop()
{
    wait_mark = 0;
}
```

图 8　进程软中断通信(续)

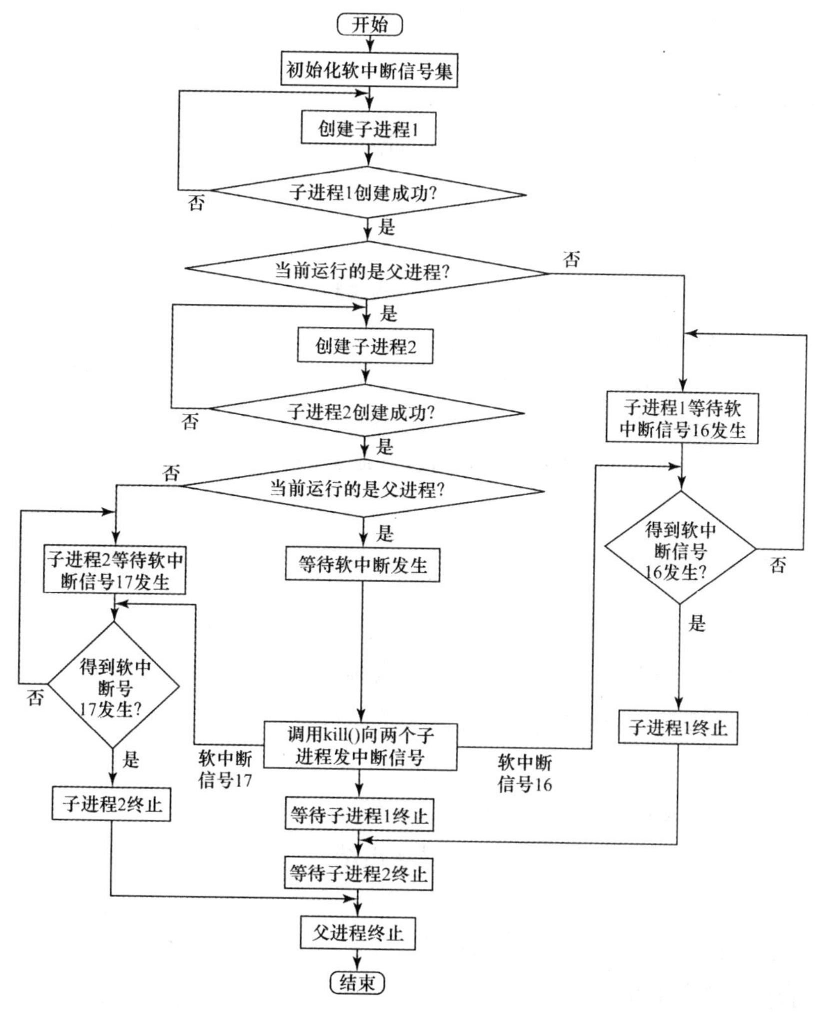

图 9　进程软中断通信程序的流程图

思考：

A. 编译、连接通过后，多次运行程序，查看输出结果。

B. 请说明系统调用 kill()的功能和使用方法。

C. 父进程的处理中有两个 wait(0)，它们有什么作用?

D. 每个进程退出时都使用了 exit(0),它们有什么作用?

3. 编写程序

用 fork()创建一个子进程,在子进程中再次调用 fork()创建孙子进程。调用系统调用 signal(),让父进程捕捉键盘上来的中断信号(即按^c 键);捕捉到中断信号后,父进程用系统调用 kill()向子进程发出信号,子进程捕捉到信号后,调用 kill()向孙子进程发出信号,孙子进程捕捉到信号后,输出下列信息后终止:

```
Grandson process1 is killed by son!
```

子进程等待孙子进程终止后,输出如下的信息后终止:

```
Child process is killed by parent!
```

父进程等待子进程终止后,输出如下的信息后终止:

```
Parent process is killed!
```

提示:过程如图 10 所示。

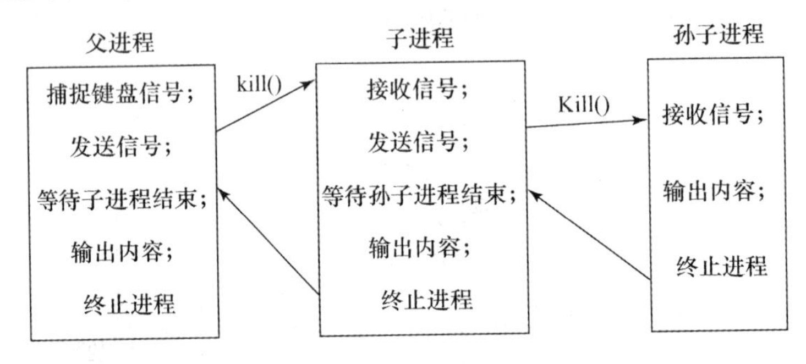

图 10 三代进程间通信流程图

实验五 proc 文件系统

实验目的:

把握监视系统的几个 Linux 基本命令以及其他常用命令,学习 Linux 内核、进程、存储和其他资源的一些重要特征,熟悉/proc 虚拟文件系统。

实验内容:

1. 运行 cal、date、clear、who 命令,观察输出结果;
2. 运行/proc 文件系统的相关命令,观察输出结果。

实验步骤:

进入 Linux 系统,在终端或命令行窗口中,输入如下 Linux 命令,记录下输出结果。

(1) 返回当前年月日历 MYMcal

(2) 返回当前用户信息 MYMwho am i

proc 文件系统是一个伪文件系统,它只存在内存当中,而不占用外存空间。由于系统的信息,如进程,是动态改变的,所以用户或应用程序读取 proc 文件时,proc 文件系统是动态从系统内核读出所需信息并提交的。

输入如下 Linux 命令,记录下输出结果。

(1) cpu 信息 MYMcat/proc/cpuinfo

(2) 系统识别的分区表 MYMcat/proc/partitions

(3) 内存信息 MYMcat/proc/meminfo

(4) 系统正常运行时间 MYMcat/proc/uptime

(5) 可以用到的设备(块设备/字符设备)MYMcat/proc/devices

(6) 中断进程 MYMcat/proc/interrupts

(7) 内核信息 MYMcat/proc/kmsg

实验六　模拟进程调度方法

实验目的：

1.掌握进程的概念和进程的状态，对进程有感性的认识；

2.模拟实现单处理器系统的若干进程调度算法。

实验内容：

1.模拟先来先服务进程调度算法；

2.模拟时间片轮转进程调度算法。

实验步骤：

假定系统有若干个进程，每一个进程用一个 PCB 来代表，PCB 的格式为：

```
struct PCBNode
    {
    char processName[20];  //进程名
    int processID;           //进程号
    int remainSecs;        //剩余运行时间，时间片轮转调度需要使用
    int ArriveTime;       //进程到达时间，FIFO 调度需要使用
    int staturs;     //状态常量 STA_READY = 0,STA_RUN = 1,STA_END = 2
    struct PCBNode * next; //指针，指出下一个进程的进程控制块的首地址，最后一个进程中的指
针为 NULL。
    };
```

1. 初始化：在每次运行模拟的处理器调度程序之前，为每个进程任意确定它的“到达时间”和“剩余运行时间”。

2. 建立就绪队列：为了调度方便，把进程按到达时间连成队列，进程状态为 STA_READY。

3. 模拟调度过程：处理器调度总是选队首进程运行。由于本实验是模拟处理器调度，所以，对被选中的进程并不实际地启动运行，只进行相应的参数的修改。在实际的系统中，当一个进程被选中运行时，必须恢复进程的现场，让它占有处理器运行，直到出现等待事件或运行结束。

(1) 选中的队首进程状态修改成 STA_RUN。

(2) 模拟先来先服务进程调度算法：进程运行后剩余运行时间置 0，进程状态修改成 STA_END，且退出队列。

(3) 模拟时间片轮转的调度：进程每运行一次剩余运行时间就减“1”。进程运行一次后，若剩余运行时间>0，进程状态恢复为 STA_READY，再将它加入队尾；若剩余运行时间=0，则把它的状态修改成 STA_END，且退出队列。

4. 若“就绪”状态的进程队列不为空，则重复步骤 4，直到所有进程都成为“结束”状态。

5. 在所设计的程序中应有显示或打印语句，能显示或打印逐次被选中进程的进程名以及运行一次后进程队列的变化。

实验七 Linux 内核编译

实验目的：

学习重新编译 Linux 内核，理解、掌握 Linux 内核。

实验内容：

1. 下载一份内核源代码，例如 linux-2.6.32.tar.gz，可在如下地址下载它或者是更新的版本：

http://www.kernel.org/pub/linux/kernel/v2.4/

2. 检查 redhat 中是否已有模块工具软件 module-init-tools(提供 depmod [/sbin/depmod]等)：

```
# rpm  -q  modutils
```

如果没有或者版本太低，在如下地址下载最新版本：

http://www.kernel.org/pub/linux/kernel/people/rusty/modules/modutils-2.4.21-23.src.rpm

安装：

```
# rpm  -ivh  modutils-2.4.21-23.src.rpm
```

3. 将 linux-2.6.32.tar.gz 复制到目录/usr/src/下，解压源码：

```
# tar  -zxvf  linux-2.6.32.tar.gz
```

生成源码文件子目录/usr/src/linux-2.6.32，进入此目录：

```
# cd linux-2.6.32
```

配置内核；

5. 编译内核和模块；

6. 配置启动文件。

实验步骤：

1. 配置内核

有三种方式配置内核：

```
# make config  命令行界面
# make menuconfig  字符菜单界面
# make xconfig  图形界面
```

虽然选择图形界面比较方便，但配置过程很烦琐，可将现有的配置文件复制过来使用(/usr/src/linux-2.6.32/.config)。

2. 编译生成新内核

```
# cd /usr/src/linux-2.4.32
```

make dep　创建代码依赖文件(.depend),每次重新配置后都必须做这一步。

make bzImage　开始编译系统内核(不包括带 M 选项的模块),生成的压缩文件 bzImage 在./arch/i386/boot/下。同时生成未压缩的内核执行文件(vmlinux)和内核符号表(System.map)。

make modules　开始编译外挂模块。以后重新编译内核时,可省去这一步。

make modules_install　将外挂模块放在系统模块安装目录(/lib/modules/2.4.32/)下,以便核心在需要时加载它们。同时在此目录下产生模块依赖文件(modules.dep)。

make install　将 bzImage 和 System.map 复制到/boot/下(vmlinuz-2.4.32 和 System.map-2.4.32),并建立相应的符号链接(vmlinuz 和 System.map);生成/dev/initrd 映象文件(initrd-2.4.32.img);在/etc/下的启动配置文件 lilo.conf 或 grub.conf 中添加相应项。

3. 运行新内核

reboot　选择启动新内核,如图 11 所示。

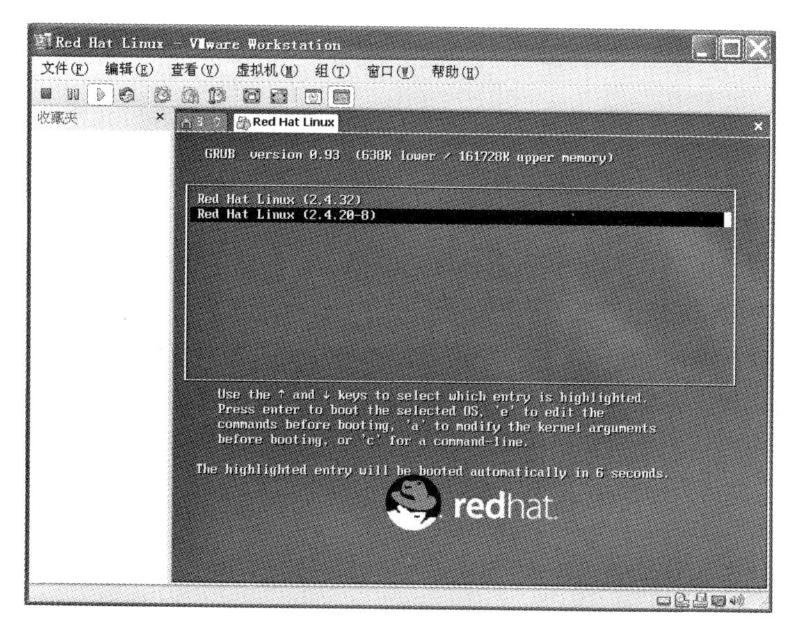

图 11　运行新内核

需要注意的是,如果编译的内核版本号(在 Makefile 中定义)与正在运行的内核一样,就会覆盖现有内核的文件。为了防止新内核影响原内核,让新内核有一个不同的版本号。最好将编译内核前的虚拟机备份,以便在发生新内核导致系统无法正常运行时使用备份的系统。

4. 启动新内核后,需要重新运行 VMware tools 的配置程序/usr/bin/vmware-config-tools.pl,以使网络界面正常和共享 windows 主机的文件夹。

实验八　添加系统调用

实验目的:

1. 掌握 Linux 系统调用的流程和实现机制;
2. 通过阅读并改造 Linux 内核源代码,添加一个简单的系统调用,掌握通过修改内核代码从而改造系统内核的方法；

3. 掌握内核源代码的编译和新内核的配置使用。

实验内容：

1. 修改现有的内核代码，在系统中添加一个不用传递参数的系统调用。调用这个系统调用，使用户的 uid 变成 0；

2. 配置、编译、安装新的内核，并重新启动使用新的内核；

3. 编写用户程序，验证新的系统调用的有效性。

实验步骤：

1. 添加源代码

第一个任务是编写加到内核中的源程序，即将要加到一个内核文件中去的一个函数，该函数的名称应该是新的系统调用名称前面加上 sys_标志。假设新加的系统调用为 mycall(int number)，在/usr/src/linux/kernel/sys.c 文件中添加源代码，如下所示：

```
asmlinkage int sys_mycall(int number)
{
    return number;
    }
```

作为一个最简单的例子，我们新加的系统调用仅仅返回一个整型值。

2. 连接新的系统调用

添加新的系统调用后，下一个任务是使 Linux 内核的其余部分知道该程序的存在。为了从已有的内核程序中增加到新的函数的连接，需要编辑两个文件。

在我们所用的 Linux 内核版本(RedHat 6.0，内核为 2.2.5-15)中，第一个要修改的文件是：

```
/usr/src/linux/include/asm-i386/unistd.h
```

该文件中包含了系统调用清单，用来给每个系统调用分配一个唯一的号码。文件中每一行的格式如下：

```
#define __NR_name NNN
```

其中，name 用系统调用名称代替，而 NNN 则是该系统调用对应的号码。应该将新的系统调用名称加到清单的最后，并给它分配号码序列中下一个可用的系统调用号。我们的系统调用如下：

```
#define __NR_mycall 191
```

系统调用号为 191，之所以系统调用号是 191，是因为 Linux-2.2 内核自身的系统调用号码已经用到 190。

第二个要修改的文件是：

```
/usr/src/linux/arch/i386/kernel/entry.S
```

该文件中有类似如下的清单：

```
.long SYMBOL_NAME()
```

该清单用来对 sys_call_table[]数组进行初始化。该数组包含指向内核中每个系统调用的指针。这样就在数组中增加了新的内核函数的指针。我们在清单最后添加一行：

```
.long SYMBOL_NAME(sys_mycall)
```

3. 重建新的 Linux 内核

为使新的系统调用生效，需要重建 Linux 的内核。这需要以超级用户身份登录。

```
#pwd/usr/src/linux
```

超级用户在当前工作目录(/usr/src/linux)下，才可以重建内核。

```
#make config
#make dep
#make clearn
#make bzImage
```

编译完毕后，系统生成一可用于安装的、压缩的内核映象文件：

```
/usr/src/linux/arch/i386/boot/bzImage
```

4. 用新的内核启动系统

要使用新的系统调用，需要用重建的新内核重新引导系统。为此，需要修改/etc/lilo.conf 文件，在我们的系统中，该文件内容如下：

```
boot = /dev/had
map = /boot/map
install = /boot/boot.b
prompt
timeout = 50
image = /boot/vmlinuz-2.2.5-15
label = linux
root = /dev/hdb1
read-only
other = /dev/hda1
label = dos
table = /dev/had
```

首先编辑该文件，添加新的引导内核：

```
image = /boot/bzImage-new
label = linux-new
root = /dev/hdb1
read-only
```

添加完毕，该文件内容如下所示：

```
boot = /dev/had
map = /boot/map
install = /boot/boot.b
prompt
timeout = 50
image = /boot/bzImage-new
label = linux-new
root = /dev/hdb1
```

```
read-only
image = /boot/vmlinuz-2.2.5-15
label = linux
root = /dev/hdbl
read-only
other = /dev/hdal
label = dos
table = /dev/had
```

这样，新的内核映象 bzImage-new 成为默认的引导内核。

为了使用新的 lilo. conf 配置文件，还应执行下面的命令：

```
# cp /usr/src/linux/arch/i386/boot/zImage /boot/bzImage-new
```

其次配置 lilo：

```
# /sbin/lilo
```

现在，当重新引导系统时，在 boot:提示符后面有三种选择：linux-new、linux、dos，新内核成为默认的引导内核。

至此，新的 Linux 内核已经建立，新添加的系统调用已成为操作系统的一部分，重新启动 Linux，用户就可以在应用程序中使用该系统调用了。

5. 使用新的系统调用

在应用程序中使用新添加的系统调用 mycall。同样为实验目的，我们写了一个简单的例子 xtdy. c。

```
/* xtdy.c */
#include
_syscall1(int,mycall,int,ret)
main()
{
printf(" %d n",mycall(100));
}
```

编译该程序：

```
# cc -o xtdy xtdy.c
```

执行：

```
# xtdy
```

结果：

```
# 100
```

实验九　Linux 字符设备驱动程序

实验目的：

1. 掌握 Linux 驱动程序开发基本方法，用户程序和内核驱动程序的交互机制；
2. 经过学习后能够编写实用的字符设备驱动程序。

实验内容：

用模块的方法编写一个可以进行简单读写的字符设备驱动，该设备可以存储一定长的字符串，写入设备即可以将字符串存入设备，读出即可以获取该字符串，并编写了测试程序对其测试。

实验步骤：

1. 首先新建并编写字符驱动设备 chardev.c 文件，文件代码如下：

```
/*创建一个字符设备(读写)*/
/* 必要的头文件,内核模块标准头文件 */
#include<linux/init.h>
#include<linux/kernel.h> /*内核工作*/
#include<linux/slab.h>/* */
#include<linux/vmalloc.h>
#include<linux/module.h> /*明确指定是模块*/
#include<linux/moduleparam.h>
/*对于字符设备*/
#include<linux/fs.h> /*字符设备定义*/
#include<linux/cdev.h>
#include<asm/system.h>
#include<asm/uaccess.h>
MODULE_AUTHOR("author");
MODULE_LICENSE("GPL");
struct char_dev *char_device;
int dev_major = 0;
int dev_minor = 0;
module_param(dev_major,int,S_IRUGO);
module_param(dev_minor,int,S_IRUGO);  //设备存储区的指针
char *p_mem = NULL;//设备存储区的大小
long len = 1000; //表示设备的数据结构
struct char_dev
{
        char * data; // 模块中的数据
        long len; // 数据长度
        struct cdev cdev; //Linux 字符设备结构,由系统定义
};
int char_open(struct inode *inode,struct file *filp)
{
        struct char_dev *dev;  //从 inode 获取设备结构体
        dev = container_of(inode->i_cdev,struct char_dev,cdev); //赋值给 file 结构体
        filp->private_data = dev;
        return 0;
```

```
}   //读时将调用的函数
static ssize_t char_read(struct file * filp, char __user * buf, size_t count, loff_t * off-
set)
{
            char * buffer = (char * )filp->private_data;
      if(copy_to_user(buf, buffer, count))
            {
                printk("copy_to_user error\n");
                return -EFAULT;
            }
         printk("You are using the read function!");
            return count ;
}  //参数定义和 char_read 类似
static ssize_t char_write(struct file * filp, const char __user * buf, size_t count, loff_t
* offset)
{
     char * buffer = (char * )filp->private_data;
            //printk("new   %p\n", buffer);
            if(copy_from_user(buffer, buf, count))
            {
                  printk("copy_from_user error\n");
                return -EFAULT;
            }
            return count;
}   //读写完毕后调用的函数
int char_release(struct inode * inode,struct file * filp)
{
        return 0;
}
//定义设备节点文件的操作
static struct file_operations char_ops = {
.owner = THIS_MODULE,
.open = char_open,
.read = char_read,
.write = char_write,
.release = char_release
};  //设备初始化时调用的函数,用于获取存储区内存空间
int memory_init(void)
{
        p_mem = vmalloc(len * sizeof(char));
        if(! p_mem)
```

```
        {
                printk(KERN_ALERT "error-memory_init\n");
                return -1;
        }
        return 1;}    //设备初始化
static int dev_init(void)
{
        int result = 0;
        dev_t dev = 0;
        dev_t devno = 0;
        int err = 0;            //获取存储区
        if(dev_major)   //如果定义了主设备号
        { //则按照定义的设备号注册设备
                dev = MKDEV(dev_major,dev_minor);
              result = register_chrdev_region(dev,1,"char_dev");
        }else{              //否则分配新的设备号
                result = alloc_chrdev_region(&dev,dev_minor,1,"char_dev");
                dev_major = MAJOR(dev);
        }
        if(result < 0)
        {
                printk(KERN_ALERT "can't get major % d\n",dev_major);
                return result;
        }   //返回主设备号
        printk("the dev_major % d\n",dev_major);   //获取全局 char_dev 结构体
        char_device = kmalloc(sizeof(struct char_dev),GFP_KERNEL);
        if(! char_device)
        {
                result = -ENOMEM;
                return result;
        }
        memset(char_device,0,sizeof(struct char_dev))   //使用定义了的文件操作 char_ops
初始化 cdev
        cdev_init(&char_device->cdev, &char_ops);
        char_device->cdev.owner = THIS_MODULE;
        char_device->cdev.ops = &char_ops;
        //使用后区的设备号注册设备
        devno = MKDEV(dev_major,dev_minor);  //添加此字符设备到系统
        err = cdev_add(&char_device->cdev,devno,1);
        char_device->data = p_mem;
        char_device->len = len;
```

```
        return 0;
}  //设备被移出时调用
static void dev_exit(void)
{
        dev_t devno = 0;
        devno = MKDEV(dev_major,dev_minor);
        cdev_del(&char_device->cdev);
        kfree(char_device);
        unregister_chrdev_region(devno,1);
}  //注册模块初始化和卸载函数
module_init(dev_init);
module_exit(dev_exit);
```

2. 然后编写相应的 Makefile 文件:

```
# Makefile
# If KERNELRELEASE is defined, we've been invoked from the
# kernel build system and can use its language.
ifneq (MYM(KERNELRELEASE),)
obj-m := chardev.o
# Otherwise we were called directly from the command
# line; invoke the kernel build system.
else
KERNELDIR ? = /lib/modules/"uname -r"/build
default:
        make -C MYM(KERNELDIR) M = "pwd" modules
endif
```

3. 使用 make 命令,生成驱动程序 chardev.ko。

4. 用 root 挂载设备:

```
insmod chardev.ko
```

5. 在文件系统中为其创建一个代表节点(建立设备文件)。

创建节点命令格式如下:

```
mknod /dev/<dev_name><type><major_number><minor_number>
```

例如(若主设备号为 249):

```
mknod mychardev0 c 249 0
```

6. 修改属性:

```
chmod 666 mychardev *
```

7. 设备挂载后,就能够使用系统命令写入数据和读取数据,如读操作:more mychardev0。

8. 编写测试程序 test.cpp 如下:

```
//test.cpp
#include<stdio.h>
#include<fcntl.h>
#include<stdlib.h>
#include<iostream>
using namespace std;
int main()
{
        int fd;
        char buffer_write[20] = "Hello World!";
        char buffer_read[20] = "Hello China!";
        fd = open("/home/Guest/dev/mychardev0", O_RDWR);
        if(fd < 0)
        {
                cout<<"open dev error! \n";
                exit(fd);
        }   //向指定设备写入用户输入文本
        cout<<"Please input the text:\n";
        cin>>buffer_write;
        write(fd, buffer_write, 20);
        //输出设备中的内容
        read(fd, buffer_read, 20);
        cout<<"指定设备中的内容为: \n"<<buffer_read<<endl;
        close(fd);
        return 0;
}
```

代码功能:实现了设备的读数据与写数据操作,有以下几点值得注意:

(1) fd=open("/home/Guest/dev/mychardev0", O_RDWR);不能只看对应文件夹下是否有 mychardev0 设备,若打开不成功可能需要重新 mknod 一下。

(2) iostream 不能直接写 #include<iostream.h>,而要写:

```
#include<iostream>
using namespace std;
```

(3) 关于 read 和 write 函数的第三个参数 n:

其作用要追溯到 copy_to_user 和 copy_from_user 两个函数上,其值就表示要写入或读出的字符串大小(以字节为单位)。

参 考 文 献

[1] 胡峰松.操作系统原理实验教程[M].北京:清华大学出版社,2010.
[2] 郑增威.操作系统原理及实验[M].杭州:浙江大学出版社,2009.
[3] 宗大华,宗涛.操作系统[M].北京:人民邮电出版社,2006.
[4] 刘欣怡,宫明明,杨振辉.计算机操作系统习题解析[M].北京:清华大学出版社,北京交通大学出版社,2006.
[5] 凤羽,伍俊明.操作系统[M].北京:电子工业出版社,2003.
[6] 薛智文.操作系统[M].北京:中国铁道出版社,2003.
[7] 周苏,金海溶.操作系统原理实验[M].北京:科学出版社,2003.
[8] 胡元义,余健明.操作系统课程辅导与习题解析[M].北京:人民邮电出版社,2002.
[9] 何炎祥,熊前兴.操作系统原理[M].武汉:华中科技大学出版社,2001.
[10] 颜彬,王玲艳,任琼.计算机操作系统[M].西安:西安电子科技大学出版社,2001.
[11] 尤晋元,史美林.Windows 操作系统原理[M].北京:机械工业出版社,2001.
[12] 张尧学,史美林.计算机操作系统教程[M].北京:清华大学出版社,2000.
[13] Andrew. Tanenbaum.现代操作系统[M].陈向军等译.北京:机械工业出版社,1999.
[6] 汤子瀛,杨成忠.计算机操作系统[M].西安:西安电子科技大学出版社,1989.